Christian Blöss

Crashkurs Entropie

Nachgereichte Vorrede zu einer bereits
erschienenen Würdigung der Prinzipe
der Wärmelehre

Eine kleine Einführung zu

ISBN 978-3-8391-6620-8

Die Deutsche Nationalbibliothek verzeichnet diese Publikation in der Deutschen Nationalbibliografie; über http://dnb.d-nb.de sind detaillierte bibliografische Daten abrufbar.

> **Sappho** *(allein)* ... Ach die Gewohnheit ist
> Ein lästig Ding, selbst an Verhasstes fesselt sie!
> – Franz Grillparzer, Sappho (1818) –

Aktualisierungen und Zusatzmaterial auf www.cbloess.de/entropy/de
© Christian Blöss, Berlin (www.cbloess.de)
Herstellung und Verlag: Books on Demand GmbH, Norderstedt
 (www.bod.de)
Umschlaggestaltung: Roman Bittner (www.apfelzet.de)
Version 1 / Nov 10
ISBN 978-3-8423-3145-7

Inhaltsverzeichnis

1. VORWORT 5

2. DIE „HAUPTSÄTZE" DER WÄRMELEHRE 7
   2.1 Ursprung der „Hauptsätze" 7
   2.2 „Zweiter Hauptsatz" und die Folgen 9
   2.3 Eine Verwunderung mit Folgen 11

3. ENERGIE-KONZEPT 13
   3.1 Was ist Energie? 13
   3.2 Energiewandlung 16
   3.3 Quantenumwandlung 18
   3.4 Energie und Impuls 19

4. STANDARD-DEFINITION DER ENTROPIE 21
   4.1 Konzept oder Prinzip? 21
   4.2 Pensum und Potential 22
   4.3 Wärmeströme 25
   4.4 Gastemperatur 28

5. DIE FRAGE DER UNIVERSALITÄT 31
   5.1 Mechanistische Wurzeln 31
   5.2 Jonglieren mit Bilanzen 34
   5.3 Unsinnige Entropie-Reservoire 37
   5.4 Unnötige Entropie-Erhaltung 41
   5.5 Wenn die Gewaltenteilung aufgehoben ist 44
   5.6 Alternativer Definitionsansatz 46

6. KLEINE GESCHICHTE DER QUANTENTHEORIE 49
   6.1 Geburt der Quantentheorie 51
   6.2 Ein Entrepreneur 53
   6.3 Schlag auf Schlag 55
   6.4 Entropiequanten 58

7. QUANTENNATUR DER ENTROPIE ... 61
7.1 Plancks Quanten ... 61
7.2 Entropie- und Lichtquantendichte ... 63
7.3 Vollendung der planckschen Quantenrevolution ... 65
7.4 Konsequenzen ... 69

8. DAS ENDE DES „ZWEITEN HAUPTSATZES" ... 73
8.1 Bedeutung ... 73
8.2 Verifizierbarkeit ... 77
8.3 Entropieproduktion ... 79
8.4 Eine abschließende Überlegung ... 82

9. ANHÄNGE ... 85
9.1 Literatur ... 85
9.2 Abbildungen ... 86
9.3 Danksagung ... 86
9.4 Ihre Notizen ... 87

Dieses Büchlein ist dem
Andenken meines Freundes
Hans-Ulrich Niemitz
gewidmet

1. Vorwort

Eigentlich sollte es nur ein Artikel angemessenen Umfangs über Entstehen und vor allem Vergehen des „Zweiten Hauptsatzes" für die Zeitschrift „Zeitensprünge" werden [Blöss 2010a]. Binnen kurzem entwickelte sich dieser Text jedoch zu einer Kurzfassung des Buches, von dem er abstammt: „Entropie. Universelle Aspekte einer physikalischen Mengengröße" [Blöss 2010].

Dieses Büchlein erscheint gut ein viertel Jahr nach dem Hauptwerk. Es zeichnet dessen Argumente, warum die Grundlagen unserer Wärmelehre nicht von universeller Gültigkeit sein können, kurz und bündig nach:

- Entropie als quantisierte Mengengröße ist auch „reversibel" quellfähig.
- Ohne Erhaltungseigenschaften hat die Definition der Entropie als $dS = \delta Q/T$ keinen Bestand.
- Bisher als universell gültig erachtete wesentliche Einschränkungen für die Energietechnik entfallen.

Ein Blick in die Geschichte der Physik zeigt, dass die plancksche Quantenhypothese zwar die Quantenrevolution der Physik auslöste, in ihrer ursprünglichen Stoßrichtung jedoch unverstanden blieb.

Deshalb blieb unberücksichtigt, dass Licht – welches selbst im einfachsten System der Wärmelehre anwesend ist (also auch in einem gasgefüllten Zylinder mit Arbeitskolben) – energetisch genauso berücksichtigt werden muss wie alle anderen physikalischen Mengen.

Die Vermutung, sich dieser Aufgabe mit Einführung der Entropie schon längst entledigt zu haben, wäre schon damals nicht von der Hand zu weisen gewesen.

Angenommen, die Quanten des Lichts sind auch die der Entropie. Dann wird diese zentrale Größe der Physik nach einer Ära chimärenhaften Daseins endlich direkt messbar, nämlich aus der Photonendichte eines Systems und der Elementarmenge der Entropie, die auf ihre Entdeckung gewartet hat, seit Ludwig Boltzmann die Entropie der Hohlraumstrahlung ableitete.

Damit würde der „Zweite Hauptsatz" – dessen Rückendeckung als unverzichtbar gilt, solange man wegen der Unmessbarkeit der Entropie mit dem Rücken zur Wand steht – überflüssig werden. Überrascht es noch, dass die aktuelle Entropie-Definition mit Zusatzannahmen erschlichen wird, die nur deswegen unangreifbar erscheinen, weil die Entropie keiner direkten Messung zugänglich ist?

Eine Würdigung der Wärmelehre, die diese Erkenntnisse miteinbezieht, erlaubt es schließlich auch, einige für unüberwindlich gehaltene Restriktionen in der Energietechnik neu zu bewerten – eine interessante Ausgangssituation, um dringend benötigte Konzepte zur Energieversorgung zukunftssicherer gestalten zu können.

Berlin, 12. November 2010

Literaturhinweise des Formats [E 123] verweisen auf das
Buch „Entropie" des Autors [Blöss 2010, 123].

2. Die „Hauptsätze" der Wärmelehre

2.1 Ursprung der „Hauptsätze"

Es ist mittlerweile 145 Jahre her, dass Rudolf Clausius die Erkenntnisse der damals noch jungen mechanischen Wärmetheorie in zwei „Grundgesetzen des Weltalls" zusammenfasste [Clausius 1865, 400]:

- Die Energie der Welt ist konstant.
- Die Entropie der Welt strebt einem Maximum zu.

Diese Sätze stammen aus einer Zeit, in der wissenschaftliche und gesellschaftliche Elite gleichermaßen von unbegrenztem technischem und damit ökonomischem Fortschritt in einer restlos entzifferbaren Natur ausging [Neswald 2006] – hüben (libertär) wie drüben (sozialitär).

Der paradigmatische Charakter dieses epochalen Modells ist schon längst Geschichte. Die beiden „Hauptsätze" dagegen haben von ihrer Legitimität nichts eingebüßt. Was Wunder, könnte man meinen, wo sie doch tiefer gehen als alles, was Zeitgeist aus ihnen herauszulesen vermag.

Was aber, wenn die Bedingtheit der mit ihnen verbundenen Konzepte nur deswegen verborgen geblieben ist, weil man sich von ihrem Zauber (bzw. vom Zauber der mit ihnen verbundenen Interpretationen) nicht lösen konnte?

Das Entropie-Konzept, das sich aus dem „Zweiten Hauptsatz" ableiten lassen soll, wird für genauso bedingungslos wahr gehalten wie dieser selbst. Doch wenn ein Konzept nicht mit falsifizierbaren Annahmen und Schlussfolgerungen verbunden ist, wie kann es sich dann um ein naturwissenschaftliches Konzept handeln?

Bei der immensen Bedeutung, die den beiden „Hauptsätzen" für die Energietechnik und damit für den Wohlstand der Nationen zuwächst, muss es deshalb als ein gefährliches Missverständnis bezeichnet werden, wenn die Stimmigkeit eines Konzeptes für selbstverständlich gehalten wird, nur weil die verbale Aussage, der es entstammt, selbstverständlich zu sein scheint.

Dieses Missverständnis steht im Schutze eines höfischen Zeremoniells, auf dessen Einhaltung im Umgang mit den beiden „Hauptsätzen" strengstens geachtet wird. Und zwar nicht nur im inneren Zirkel der Physik, sondern – strenger noch! – in ihrer Peripherie, der „Populärwissenschaft". Dieses Zeremoniell verlangt, dass jegliche Kritik der Elementarannahmen der Wärmelehre – auch wenn sie tatsächlich einem falsifizierbaren naturwissenschaftlichen Konzept gilt – als Symptom mangelnden Fachwissens bloßgestellt[1] und so im Keim erstickt wird.

---

[1] So hat etwa Klaus Knizia, bis 1992 Vorstandsvorsitzender der VEW (heute zur RWE gehörig), maßgebliche Beiträge für den „Knigge" im Umgang mit dem „Zweiten Hauptsatz" geliefert. In der Vision, vermehrt erneuerbare Energien nutzen zu wollen, sah er einen Verstoß gegen den „Zweiten Hauptsatz", den sich der wissenschaftlich-technische Berufsstand – und mit ihm auch alle informationell nachgeschalteten Berufsstände (insbesondere die Politik) – aus Gründen der Ethik und aus Gründen der Vernunft nicht leisten könne und nicht leisten dürfe [Knizia 1986].

Aus dieser (Selbst)Blockade der kreativen Energie zahlreicher Wissenschaftlergenerationen hat sich ein massiver „Kritikstau" ergeben, dessen Auflösung einige Überraschungen mit sich bringen wird.

Eine Kritik[2] des Energie-Konzeptes, welches mit dem „Ersten Hauptsatz" verbunden ist, mündet in der Aufforderung, zugunsten neuer Energietechniken nach bisher unbekannten Quanten zu suchen, die sich mit gewissen bereits bekannten Quanten quantitativ umwandeln können. Dieser Ansatz soll allerdings nur soweit gestreift werden, wie es für die Kritik des Entropie-Konzeptes erforderlich ist. Diese wiederum mündet in der Aufforderung, die Eigenschaften der längst bekannten Quanten der Entropie besser zugunsten bestehender Energietechniken auszunutzen.

Alle Aufmerksamkeit wird sich hier auf die Frage richten, ob zu Recht oder zu Unrecht davon ausgegangen wird, dass das aktuelle Entropie-Konzept universell gültig ist.

2.2 „Zweiter Hauptsatz" und die Folgen

Ursprünglich brach sich der „Zweite Hauptsatz" als ein *memento mori* der Menschheit Bahn, da am Ende aller Zeiten offenbar jeglicher Spielraum für Vielfalt und Leben verschwunden sein würde.

Diese Interpretation ist mittlerweile in den Hintergrund getreten. Einmal, weil selbst die Vergangenheit des Kosmos nicht hinreichend sicher aufgeklärt werden konnte. Und dann auch, weil die Dynamik von Zerfall

---

[2] Kritik würdigt ihr Objekt nicht herab, sondern fragt nach den Bedingungen, unter denen es zur Erkenntnisgewinnung beiträgt.

und Nivellierung in einer modernen Physik offener Systeme nur einen vergleichsweise uninteressanten Grenzfall darstellt.

Nichtsdestotrotz ist der Satz, dass die Entropie (und nach statistischer Lesart damit auch die Unordnung) eines abgeschlossenen Systems nur zunehmen könne, zur stehenden Redensart geworden und hat sich tief in das kollektive Gedächtnis der Menschheit eingegraben. Ihn umgibt eine Aura der Evidenz, von der sowohl der „Zweite Hauptsatz" der Wärmelehre als auch das mit ihm verbundene Entropie-Konzept umfänglich profitieren. Dieser Umstand ist bemerkenswert und bedauerlich zugleich.

Bemerkenswert ist er, weil sich der Satz von der zunehmenden Entropie im Kontext der Wärmelehre gar nicht herleiten lässt (Kapitel 8.3) und dem „Zweiten Hauptsatz" deshalb weder zugeschrieben noch angelastet werden kann. Bedauerlich ist er, weil so die eigentliche Herausforderung an den „Zweiten Hauptsatz", nämlich eine Definition der Entropie zu ermöglichen, völlig in den Hintergrund gedrängt wird.

Die tatsächliche Reichweite des aktuellen Entropie-Konzeptes zu ergründen, ist schon deswegen alle Anstrengung wert, weil es mit Folgerungen verbunden ist, die schon immer niederschmetternd gewesen sind und die die Bewältigung der heraufziehenden energiepolitischen Herausforderungen keineswegs leichter machen. Diese Folgerungen betreffen insbesondere den thermischen Wirkungsgrad von Wärmekraftmaschinen, der in einer Weise temperaturabhängig sein soll, dass sich vertretbare Werte erst durch die Verbrennung bzw. Spaltung fossiler Rohstoffe erzielen ließen [E 16].

Dies gilt als so selbstverständlich, dass sich keines der Konzepte zur Sicherstellung der zukünftigen Energieversorgung [EWI et al. 2010; FVEE 2010], die jüngst von der Bundesregierung in Auftrag gegeben worden sind, mit folgender Frage aufhält:

- Ließe sich die als maßgeblich erkannte Energieeffizienz auch durch eine Kraftwerkstechnik erhöhen, die sich aus einem tieferen Verständnis von Entropie ableitete?

Woraus könnte ein solches tieferes Verständnis der Entropie erwachsen, das mit der Erkenntnis, sie sei ein Maß für die Unordnung eines Systems, seinen Gipfel doch bereits erreicht haben soll?

2.3 Eine Verwunderung mit Folgen

Das tiefere Verständnis von Entropie könnte aus einer Verwunderung erwachsen, die sich bei unbeirrter Bemühung um eine saubere Begründung der Grundlagen der Wärmelehre früher oder später einstellen muss:

- Warum ist die Quantenrevolution der Physik komplett an der Wärmelehre vorbei gegangen?

Diese Verwunderung wurzelt in der Tatsache, dass der „Zweite Hauptsatz" mit der Entropie eine physikalische Größe hervorgebracht hat, die prädestiniert gewesen wäre, „im selben Abwasch" wie Stoff, Ladung und Drehimpuls in den Kanon quantisierter Mengengrößen aufgenommen zu werden. Dass sich die Entropie am Ende sogar als dienstälteste quantisierte Mengengröße der Physik herausstellen wird, unterstreicht nur die Legitimität der Forderung, ihre aktuelle Definition unter allgemeineren Gesichtspunkten auf den Prüfstand zu stellen.

Eine Quantisierung hätte der Entropie auch gut zu Gesicht gestanden, wäre sie dadurch doch endlich direkt messbar geworden. Doch ein solches Revirement hat an der Basis der Wärmelehre nie stattgefunden. Offenbar fühlte man sich mit dem „Zweiten Hauptsatz" stets so sicher aufgehoben, dass die Tatsache, mit ihm nur mittelbar auf die Entropie eines Systems schließen zu können, nicht als Nachteil empfunden wurde.

Wenn alsbald klar geworden wäre, dass selbst das nicht ohne Annahmen zu haben ist, die sich bei genauerem Hinsehen als unnötig oder sogar als unsinnig herausstellen müssen, dann wären gewisse Überlegungen zur Quantennatur der Entropie vielleicht schon früher in Gang gekommen.

In der Geschichte der Quantentheorie selbst taucht kein Experiment auf, dessen Ergebnis die Quantisierung der Entropie nahegelegt oder sogar erzwungen hätte. Dafür begegnet uns an der Wiege der Quantentheorie eine physikalische Mengengröße, die als solche unerkannt blieb, obwohl ihr Quant im Jahr 1900 postuliert wurde, es sich fünf Jahre später direkt zu erkennen gab und seine Existenz mittlerweile als selbstverständlich gilt. Einiges spricht dafür, dass es sich bei dieser Mengengröße tatsächlich um die Entropie und ihr Quant handelt.

Sollte dies zutreffen, dann wäre der gordische Knoten der Wärmelehre – weder die Substanz von Entropie zu kennen, noch sie in Unkenntnis ihrer Quanten direkt messen zu können – mit einem Schlage durchhauen, und dies auch noch mit erheblichen Konsequenzen für die Energietechnik.

3. Energie-Konzept

Die Rolle der Entropie entfaltet sich im Rahmen eines elaborierten Energie-Konzeptes der Wärmelehre[3], die sich tiefschürfend mit Energie auseinandergesetzt hat, um *sämtliche* ihrer Erscheinungsformen miteinbeziehen zu können.

3.1 Was ist Energie?

Für die Wärmelehre ist Energie eine physikalische Menge, die jedem System „substanzieller" Mengen wie Stoff, Ladung, Impuls oder Entropie zusätzlich eignet. Wie Ladung oder Impuls lässt sich diese Energie weder erzeugen noch vernichten.

Anders als bei den substanziellen Mengengrößen (die Entropie muss hier bis jetzt ausgenommen werden) gibt es keine Aussicht, eine (energie-proportionale) Messgröße zu finden, um das Inventar unterschiedlicher Systeme an Energie direkt miteinander vergleichen zu können.

Dies hängt damit zusammen, dass keine Quanten bzw. Elementarteilchen der Energie existieren. Was jedoch existiert (bzw. mit uneingeschränktem Erfolg vorausge-

---

[3] Mit gewiss ungewollter Ironie wurde diese interdisziplinärste aller physikalischen Lehren ausgerechnet nach derjenigen Energieform benannt, die am wenigsten verstanden wurde und deren fundamentale Größe, die Entropie, mit den universellen Aspekten aller anderen physikalischen Mengengrößen bisher nicht unter einen Hut gebracht werden konnte.

setzt wird), das ist eine universelle physikalische Beziehung, welche die Energie E eines Systems auf die in ihm enthaltenen physikalischen Mengen X_i sowie auf gewisse mit ihnen jeweils verbundene Potentiale[4] ξ_i zurückführt.

Betrachtet man zwei Zustände eines Systems und die mit ihnen verbundenen Inventarunterschiede ΔX_i in den enthaltenen physikalischen Mengen, so bestimmt jedes Potential ξ_i letztlich das „Pensum", welches ein Inventarunterschied ΔX_i zum gesamten Energieunterschied ΔE des Systems beitragen kann:

$$\begin{aligned}\Delta E &= \xi_1 \cdot \Delta X_1 + \xi_2 \cdot \Delta X_2 + \xi_3 \cdot \Delta X_3 + \ldots \\ &= \Delta E_1 + \Delta E_2 + \Delta E_3 + \ldots\end{aligned} \quad (1)$$

Gleichung (1) ist die Fundamentalgleichung der Wärmelehre und wird „gibbssche Fundamentalform" genannt [E 57]. Die einzelnen Beiträge zum energetischen Unterschied zwischen zwei Systemzuständen stellen also jeweils ein „Pensum" dar, das sich aus dem Unterschied im Inventar einer bestimmten physikalischen Menge und dem entsprechenden Potential[5] ergibt.

Anschaulich betrachtet regelt ein Potential, wie sich eine bestimmte Inventaränderung auf den energetischen Haushalt auswirkt. Rein mathematisch gesehen steht ein Potential für die partielle Ableitung der Ener-

---

4 In dem Buch „Entropie" wird aus bestimmten Gründen [E 77] von „Dispersionspotentialen" gesprochen, was in diesem Zusammenhang keine Bedeutung hat, weswegen hier die einfachere Bezeichnung „Potential" verwendet wird.

5 Am Beispiel des Impulses sieht man, dass ein Potential kein globale Größe sein muss, sondern auch eine spektrale Dichte der Mengengröße variabel gewichten kann (siehe Kapitel 3.3).

gie nach seiner „energie-konjugierten" Mengengröße. Wäre die Energie eines Systems als Funktion der zu ihrem Inventar gehörenden Mengengrößen bekannt[6], dann ließen sich alle Potentiale lückenlos ableiten.

Da dies kaum je der Fall ist, müssen eigene Wege beschritten werden, um die einzelnen Potentiale darzustellen. Was das thermische Potential angeht, so wird der „Zweite Hauptsatz" darauf verpflichtet, seine universelle Identität mit der Gastemperatur zu garantieren. Das mechanische Potential dagegen wurzelt in der newtonschen Mechanik und kann als Einziges mit Modulus und Chronometer direkt bestimmt werden. Nur das chemische Potential bleibt beharrlich auf abstraktem Niveau und lässt sich nur aus umfangreichen Messungen stofflicher und energetischer Änderungen bestimmen.

Zwar ist es Usus, von „ausgetauschter Energie" bzw. von „Energieströmen" zu sprechen, doch handelt es sich dabei – im Rahmen der Wärmelehre – um eine unphysikalische Betrachtungsweise. Ausgetauscht werden nur Portionen physikalischer Mengen, was zu Inventaränderungen ΔX_i in den beteiligten Systemen führt, die sich entsprechend Gleichung (1) jeweils energetisch bewerten lassen. Um von einem Energiestrom sprechen zu können, müsste Energie einen vergleichbaren Substanzcharakter haben, was aber offenbar nicht der Fall ist.

---

6 In einem solchen Fall wäre der „Zweite Hauptsatz" überflüssig, da er einzig der Darstellung des thermischen Potentials dient.

3.2 Energiewandlung

Auch wenn sich die Energie eines einzelnen Systems nicht direkt messen lässt, so wird doch sehr erfolgreich ein unmittelbarer Zusammenhang zwischen den Energien mehrerer Systeme unterstellt:

- Die Summe der Energien von Systemen, die miteinander im Austausch stehen und dabei ein geschlossenes Ganzes bilden, ist konstant.

Das hat zur Folge, dass sich auch die Zustandsunterschiede von Systemen, die miteinander im Austausch stehen, universell aufeinander beziehen lassen.

Von technischem Interesse wird dies, wenn sich die Zustandsunterschiede solcher Systeme aus Änderungen des Inventars unterschiedlicher physikalischer Mengen ergeben: Zum Beispiel kann die Änderung im Impulsinventar („mechanische Energie") des einen Systems mit der Änderung im Entropieinventar („Wärme") und im Stoffinventar („chemische Energie") eines bzw. mehrerer anderer Systeme einher gehen. Dadurch wird deutlich, was „Energiewandlung" im physikalischen Sinne grundsätzlich bedeutet:

- Energiewandlung[7] bedeutet die Umverteilung und Umwandlung von Portionen unterschiedlicher Mengensorten.

---

7 Eine unausgeglichene Energiebilanz ist als Hinweis auf eine zusätzlich involvierte physikalische Menge mit bislang unbekannten Quanten zu verstehen. Hinter einem *Perpetuum mobile* erster Art verbirgt sich demnach nichts anderes als die unvollkommene Beschreibung eines Gemischs physikalischer Mengen.

Dabei ist zu unterscheiden, ob eine physikalische Menge einem Erhaltungssatz genügt oder nicht. So lässt sich ein Impuls- oder auch ein Ladungsinventar zwar (nahezu) beliebig umverteilen, doch bleibt dessen Höhe dabei jeweils unverändert.

Dagegen kann sich das Stoffinventar eines Systems auch ohne Umverteilung, allein durch die Verschiebung eines chemischen Reaktionsgleichgewichtes [E 26] ändern und genügt deswegen keinem Erhaltungssatz: Wenn Moleküle dissoziieren bzw. Atome assoziieren, dann ändert sich im allgemeinen auch die Gesamtzahl der Stoffquanten und damit die Stoffmenge eines Systems – und zwar auch dann, wenn dessen Wandung stoffundurchlässig („stoffadiabat") ist! Unabhängig davon hat die Stoffmenge unter denselben Randbedingungen stets dasselbe Ausmaß, d.h. die Stoffmenge ist – auch als Nicht-Erhaltungsgröße – eine Zustandsfunktion wie alle anderen Mengengrößen auch.

Und die Entropiemenge? Ändert sich die Entropie eines Systems nur durch den Austausch mit anderen Systemen oder kann auch sie (wie Stoff) „quellen"[8], d.h. durch Umwandlung zu- oder abnehmen? Obwohl die Physik keine Verfahren zur Inventur der Entropie kennt und damit „blind" ist gegenüber ihren Erhaltungs- oder Quelleigenschaften, wird sie im Kontext der Wärmelehre ausdrücklich als Zustands- *und* als Erhaltungsgröße behandelt.

---

8 Mit „Quellfähigkeit" einer Mengengröße ist hier gemeint, dass die Menge innerhalb des Systems auch ohne Austausch mit der Umgebung sowohl zu- als auch abnehmen kann, nämlich durch „Produktion" und „Vernichtung".

Der Einwand, dass Entropie keine Erhaltungsgröße sein könne, weil sie bei „irreversiblen Prozessen" zunehmen würde, ist irrelevant, geht es bei der aktuellen Diskussion der Entropie-Definition doch nur um Gleichgewichtszustände bzw. um „reversible Prozesse".

3.3 Quantenumwandlung

Wenn das Wesen der Energiewandlung darin besteht, dass sich Portionen unterschiedlicher Mengensorten ineinander umwandeln, dann führt uns das eindringlich die Bedeutung von „Quanten" vor Augen, auf die sich gewisse Mengensorten (bis jetzt mit Ausnahme der Entropie) zurückführen lassen: Was uns makroskopisch als „Umwandlung" erscheint, spielt sich mikroskopisch als „Vernichtung" und „Erzeugung" von Quanten ab.

Das Wesen der Umwandlung als „Vernichtung" und „Erzeugung" von Quanten[9] offenbart sich insbesondere am Stoff: Bei einer chemischen Reaktion werden die Quanten der Edukte vernichtet und die Quanten der Produkte erzeugt. Und dabei ändert sich im allgemeinen auch die Stoffmenge [E 26].

Die elektrische Ladung ist zwar eine Erhaltungsgröße, doch kann ein Spektrum unterschiedlicher Ionen entstehen, dessen Verteilung im allgemeinen zustandsabhängig ist. Ionen lassen sich nach ihrem Vorzeichen trennen und auf diese Weise für die Erzeugung elektrischer Pensa ausnutzen.

---

9 Aufgrund der Bedeutung, die die Quanten für Umwandlungsvorgänge haben, könnte die Wärmelehre analog zur „Theorie der Quanten" bzw. zur „Quantentheorie" auch als „Theorie physikalischer Mengen" bzw. als „Mengentheorie" bezeichnet werden.
Dies betonte die programmatische Egalität der physikalischen Mengen und beendete den Sonderstatus der Entropie.

Auch der Drehimpuls ist eine Erhaltungsgröße, doch finden auf atomarer bzw. molekularer Ebene Umverteilungen seiner Quanten statt, die sich sowohl licht- als auch massenspektroskopisch, letztlich also energetisch niederschlagen [E 162].

Obwohl der Impuls eine klassische Mengengröße ist, erscheint er uns – im Gegensatz zum Drehimpuls – nicht quantisiert. Allerdings verteilt er sich (innerhalb eines typischen Systems der Wärmelehre) stets auf endlich viele *ruhemassebehaftete* Träger (Atome bzw. Moleküle) und endliche viele *ruhemasselose* Träger (Photonen).

3.4 Energie und Impuls

Die elementare Bedeutung des Umstands, dass sich der Impuls auf endlich viele Träger verteilt, zeigte sich ausdrücklich bei der planckschen Theorie der spektralen Energiedichte von Hohlraumstrahlung (1900), die uns in den Kapiteln 6 und 7 noch näher beschäftigen wird. Auch die maxwellsche Theorie der spektralen Impuls- bzw. Energiedichte von Gasmolekülen (1860) entfaltet sich erst, wenn die Anzahl der Gasmoleküle als begrenzt angesehen wird (siehe [E 166] sowie Kapitel 6.1). Entscheidend dabei ist, dass die Änderung der spektralen Energiedichte sowohl der Hohlraumstrahlung [E 220] als auch der Gasmoleküle als *mechanisches* Pensum abgerechnet werden muss.

Bei den „ruhenden" Systemen der Wärmelehre addieren sich die inkorporierten Impulsportionen – egal ob ruhemassebehaftet oder ruhemasselos getragen – *vektoriell* stets zu Null. Die Summe an Energien, die sich aus den inkorporierten Impulsportionen einzeln ableiten, ist jedoch veränderlich. Genau dies drückt sich im mechanischen Pensum des Systems aus, welches sich prominent aus der veränderlichen Verteilung $\vec{p}(\vec{v})$ derjenigen Impulsportionen entfaltet, die mit ruhemassebehafteten Stoffquanten verbunden auftreten.

Eine Untersuchung der Beziehung zwischen mechanischem Wärmeäquivalent und „Wärmestrom" in Kapitel 4.3 wird aufdecken, dass dieses mechanische Pensum generell unter das thermische Pensum subsumiert wird, was zu einer systematisch falschen Bemessung der Entropie führen muss.

Wenn die Anzahl der Stoffquanten bei der Änderung der spektralen Impulsdichte unverändert bleibt, entsteht kein chemisches Pensum. Dagegen stellt sich die Anzahl der ruhemasselosen Lichtquanten, deren Beitrag zum mechanischen Pensum wiederum meist vernachlässigbar ist, als extrem zustandsabhängig[10] heraus, was sich auch in einem entsprechenden Pensum niederschlagen sollte.

Einige Indizien, die im weiteren Verlauf dieses Büchleins angesprochen werden sollen, sprechen dafür, dass es sich dabei um das thermische Pensum handelt. Sollte sich dieses aus einer Änderung der Anzahl von Lichtteilchen ergeben, dann wäre Entropie automatisch quantisiert. Was weiß die Physik bisher über die Substanz der Entropie und ihre mögliche Quantisierung zu sagen?

---

10 Dies gilt insbesondere für die Photonendichte der Hohlraumstrahlung, siehe Gleichung (11).

4. Standard-Definition der Entropie

4.1 Konzept oder Prinzip?

Wäre eine entropie-proportionale Messgröße bekannt, mit der sich die Entropien zweier Systeme direkt vergleichen ließen (vergleichbar mit der Masse oder dem Volumen für einen Stoffmengenvergleich), dann könnte die Entropie jedes Systems durch den Bezug auf ein System mit einer Referenzmenge an Entropie bestimmt werden. Eine solche Möglichkeit wurde jedoch nie in Erwägung gezogen.

Wären Quanten der Entropie bekannt (wie für andere Mengengrößen auch), dann ließe sich ihre Menge alternativ aus der Anzahl der einbezogenen Entropiequanten bemessen. Auch diese Möglichkeit wurde nie in Betracht gezogen.

Da also weder eine vergleichende Messung der Entropie noch ihre Rückführbarkeit auf die Anzahl ihrer Quanten erwogen wird, muss die Entropie eines Systems auf einem anderen Wege definiert werden, mithin einem eigenen Konzept entspringen.

Ginge die Definition der Entropie dabei aus lauter universell gültigen Aussagen hervor, so läge sogar ein „Entropie-Prinzip" vor, das kritischen Fragen nach seiner Berechtigung oder nach seiner Gültigkeit fernerhin entzogen wäre.

Genau dieser Anspruch wird einhellig mit dem Entropie-Konzept der Wärmelehre verbunden. Folglich gilt es zu überprüfen, ob die dabei einfließenden Annahmen ausnahmslos universell gültig sind oder nicht.

4.2 Pensum und Potential

Wir betrachten hier erst einmal nur das *Ergebnis* der Bemühung um eine Definition der Entropie. Die Universalität des Konzeptes, aus dem diese Definition hervorgeht, soll erst im anschließenden 5. Kapitel untersucht werden.

Die Standard-Definition der Wärmelehre für die Entropie S bezieht sich keineswegs auf das entropische Inventar eines Systems im Gleichgewicht. Vielmehr gilt sie einer *Änderung* ΔS in dessen Inventar, welche gemäß Gleichung (1) mit einer gewissen energetischen Änderung ΔQ, dem „thermischen Pensum" also, am System einhergeht.

Das verbindende Glied zwischen einer entropischen Inventaränderung ΔS einerseits und dem damit verbundenen thermischen Pensum ΔQ andererseits besteht im thermischen Potential τ (bzw. in dessen Kehrwert), welches dabei einen gewissen zustandsabhängigen Wert innehat:

$$\Delta S = \frac{1}{\tau} \cdot \Delta Q \qquad (2)$$

Mit dieser Beziehung wäre man natürlich nur dann am Ziel, wenn sich die beiden Größen ΔQ und τ – also das thermische Pensum und das thermische Potential – am Ende konsistent bestimmen ließen. Die damit verbundene Herausforderung ist keineswegs trivial. Um ihr überhaupt begegnen zu können, müssen jeweils gewisse Voraussetzungen getroffen werden, die es intensiv zu reflektieren gilt.

Mit Gleichung (2) ist der Anspruch verbunden, eine veritable Definition der Entropie leisten zu können. Dennoch wird die Enträtselung ihrer Natur (bzw. der Natur der Wärme) immer wieder ganz offenherzig als unlösbar eingestanden: „Es ist ungeheuer schwierig, den Begriff der Wärme im Rahmen der phänomenologischen Thermodynamik mit einem hinreichenden Maß an logischer Exaktheit einzuführen [Nolting ⁷2010, 163]." Während dies in der Statistischen Mechanik wesentlich glatter gelingen würde, bliebe es in der Thermodynamik gewissermaßen bei einem „gefühlsmäßigen Selbstverständnis" dieses Begriffs [ebd.].

Im Windschatten eines solchen *„Ignoramus et ignorabimus"*[11] können Annahmen, die einst in bester Absicht, aber mit fragwürdigen Konsequenzen an der Basis der Wärmelehre eingelagert wurden, denn auch leicht übersehen werden. Das ist umso bedauerlicher, als ihnen es zu verdanken ist, dass die Wärmelehre *in statu nascendi* unverständlich wurde.

---

11 Diesen lateinischen Ausspruch („Wir wissen es nicht und wir werden es niemals wissen") bezog der Physiologe Emil Heinrich du Bois-Reymond 1872 insbesondere auf das „Welträtsel", was Materie und Kraft seien, und wie sie zu denken vermögen. Der Ausspruch wurde später auch zu einer Formel, um eine Skepsis gegenüber den Erklärungsansprüchen der Naturwissenschaften auszudrücken. Dass sich Wärme nur „ungeheuer schwierig" mit einem „hinreichenden Maß an logischer Exaktheit" einführen lässt, ruft keine Zweifel an ihrer Lehre hervor, sondern wird offenbar als Ausdruck einer höheren Weihe verstanden.

Abbildung 4.1: Üblicher Umgang mit dem mechanischen Wärmeäquivalent

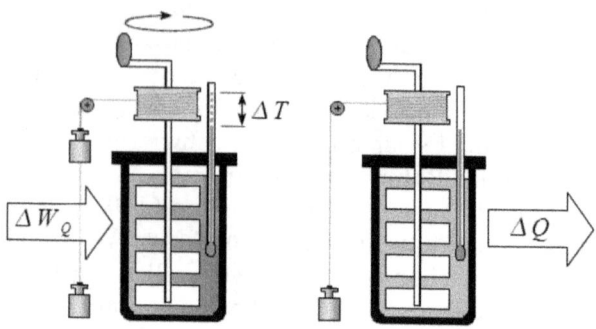

Eine Flüssigkeit wird mittels eines herabsinkenden Gewichtes verwirbelt, wodurch sich dessen Temperatur erhöht. Die entsprechende Temperaturdifferenz ΔT wird am linken Thermometer angezeigt.

Die am System verrichtete Arbeit ΔW_Q wird üblicherweise – und dabei mit exklusivem Blick auf die Vorgänge – einem „Wärmestrom" ΔQ gleichgesetzt, der dem System zu entziehen sei, um die Ausgangstemperatur wiederherzustellen. Wegen der Entropie-Definition (2) bzw. (6) gilt damit auch der „Entropiestrom" ΔS als bestimmt, der auf diese Weise der entropischen Inventaränderung implizit gleichgesetzt wird.

Im Sinne des Energie-Konzeptes der Wärmelehre sind Vorgänge bedeutungslos. Vielmehr muss der Zustandsunterschied des mechanisches Systems energetisch mit dem Zustandsunterschied des Systems verglichen werden, das den Impulsstrom von ihm aufgenommen hat (vgl. Abbildung 4.2). Die entscheidende Frage lautet, welche Inventaränderungen bzw. welche Pensa damit verbunden sind.

4.3 Wärmeströme

Das Pensum ΔQ aus Gleichung (2) wird grundsätzlich als ein „Wärmestrom" aufgefasst, den das System mit seiner Umgebung austauschen könne. Und ein solcher „Wärmestrom" sei mit demjenigen Strom ΔW_Q an mechanischer Energie identisch, der eine Zustandsänderung hervorrufen könne, die sich von dem zu bemessenden „Wärmestrom" exakt wieder rückgängig machen ließe (Abbildung 4.1):

$$\Delta W_Q = \Delta Q \tag{3}$$

Diese Auffassung ist tief in das physikalische Denken eingebrannt, doch sie missachtet das Energie-Konzept der Wärmelehre, das keine externen Ströme kennt, sondern sich nur auf Zustandsänderungen von Systemen bezieht.

Entsprechend Gleichung (1), die das Energie-Konzept der Wärmelehre verkörpert, leitet sich das thermische Pensum ΔQ – zwecks größerer Anschaulichkeit im weiteren Verlauf auch als ΔE_{therm} bezeichnet – aus dem entropischen Inventarunterschied ΔS des Systems ab. In der Vorrichtung in Abbildung 4.1 wird dieser Unterschied durch die Verwirbelung einer Flüssigkeit im System hervorgerufen und durch eine entsprechende Entnahme von Entropie auch wieder rückgängig gemacht.

Ändert sich im System dabei auch die Stoffmenge n bzw. die spektrale Impulsdichte $\vec{p}(\vec{v})$ (Kapitel 3.4), dann tragen die Pensa ΔE_{chem} bzw. ΔE_{mech} ebenfalls zum Energieunterschied ΔE des Systems bei (siehe dazu Abbildung 4.2):

$$\Delta E = \Delta E_{therm} + \Delta E_{mech} + \Delta E_{chem} \tag{4}$$

Abbildung 4.2: Konsistenter Umgang mit dem mechanischen Wärmeäquivalent

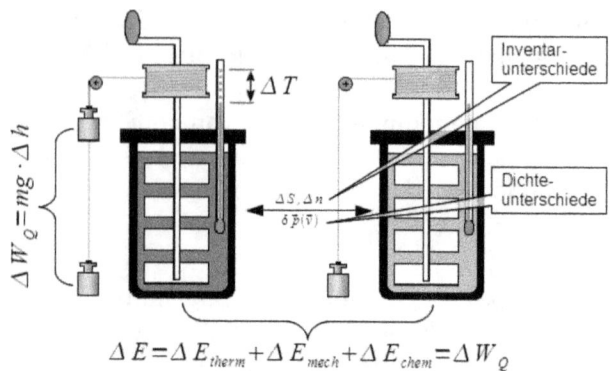

$$\Delta E = \Delta E_{therm} + \Delta E_{mech} + \Delta E_{chem} = \Delta W_Q$$

Der energetische Unterschied ΔW_Q des mechanischen Systems (infolge der Absenkung eines Gewichtes) und der energetische Unterschied ΔE des Behälters (infolge der Aufnahme eines Impulsstroms mit einhergehender Temperaturerhöhung) dürfen konzeptionell bedingt stets als identisch betrachtet werden.

Der energetische Unterschied ΔE des Behälters muss aus den „Pensa" ΔE_{therm}, ΔE_{mech} und ΔE_{chem} etc. berechnet werden, die sich entsprechend Gleichung (1) aus Inventarunterschieden ΔS und Δn bzw. aus Änderungen der spektralen Impulsdichte $\vec{p}(\vec{v})$ ergeben, die mit der Erwärmung bzw. der Abkühlung verbunden sind.

Da weder die Stoffmenge n eine Erhaltungsgröße ist, noch die kinetische Energie der Teilchen erhalten bleibt, mithin chemische und mechanische Pensa zu berücksichtigen sind, können ΔW_Q und ΔE_{therm} (bzw. ΔQ) im allgemeinen nicht identisch sein. Ohne eine direkte Bestimmung der entropischen Inventarunterschiede läuft man so also in eine Sackgasse.

Das gilt sowohl für die Phase, in der ein Impulsstrom unter Erwärmung aufgenommen wird, als auch für die Phase, in der ein Entropiestrom unter Abkühlung abgegeben wird.

In beiden Fällen ist die Energieänderung ΔW_Q des mechanischen Systems zwar definitiv mit der Energieänderung ΔE des zyklisch beanspruchten Systems aus Gleichung (4) identisch. Doch das dabei auftretende Pensum ΔQ bzw. ΔE_{therm} darf nach Gleichung (3) nur dann mit der Energieänderung ΔW_Q gleichgesetzt werden, wenn sich die durch ΔW_Q am System bewirkte Zustandsänderung allein[12] durch eine entropische Inventaränderung ΔS rückgängig machen lässt. Denn nur in diesem Falle würden die anderen Terme aus der Gleichung (4) wegfallen (Abbildung 4.2).

Üblicherweise werden Pensa, die sich aus Änderungen des Inventars an Stoff n oder in der spektralen Impulsdichte $\vec{p}(\vec{v})$ im System ergeben, analog zum Wärmestrom an entsprechenden Stoff- bzw. Impulsströmen („Volumenarbeit") festgemacht: Solange diese nicht auftreten würden, wäre eben nur der Wärmestrom mit dem mechanischen Wärmeäquivalent zu verrechnen.

Da der Stoff keine Erhaltungsgröße ist, muss auch dann mit Änderungen in der Stoffmenge gerechnet werden, wenn gar kein Stoffstrom zu verzeichnen ist. Ändert sich die spektrale Impulsdichte, dann wird daraus ein

---

12 Diese Zwangsbedingung kann bereits eindeutig aus der Definition der „Wärme" ΔQ abgelesen werden, nämlich als Produkt aus thermischem Potential τ und einer entropischen Inventaränderung ΔS, wobei das thermische Potential τ selbst mit der partiellen Ableitung der Gesamtenergie E nach der Entropie S identisch ist, welche bekanntermaßen unter der Randbedingung konstanter sonstiger Inventare zu vollziehen ist.

mechanisches Pensum entstehen (siehe Kapitel 5.2). Und für den Fall, dass ein Entropiestrom (wie beim Stoff) mit einem Impulsstrom verkettet[13] ist, fällt auch hier ein Beitrag an. Somit darf eine entropische Inventaränderung nicht einfach von der Änderung anderer Inventare entkoppelt betrachtet werden.

Diese Frage – ändert sich das entropische Inventar eines Systems grundsätzlich unabhängig von seinem restlichen Inventar? – wird an prominentester Stelle, nämlich bei der Standard-Ableitung der Entropie-Definition, erneut auftreten (Kapitel 5.3). Und spätestens dort *muss* sie beantwortet werden, da sich das Wohl oder Wehe der Entropie-Definition (2) bzw. (6) darüber entscheidet, ob dieser Umstand gegeben ist oder nicht.

Bleibt diese Frage allerdings unberücksichtigt, so werden systematisch energetische Beiträge aus anderen Inventar- oder Dichteänderungen – insbesondere die Änderung der kinetischen Energie stofflicher Teilchen – unter der „Wärme" ΔQ subsumiert. In einem solchen Falle ergeben sich auch systematisch falsche Werte für die Entropieänderung ΔS. Da es keine Möglichkeit gibt, diese Berechnungen zu überprüfen, muss dieser Fehler nicht unbedingt offenkundig werden – ein Begleitumstand, dem wir noch öfter begegnen werden.

4.4 Gastemperatur

Auch die Bestimmung des thermischen Potentials τ ist mit erheblichen Tücken verbunden. Grundsätzlich ist es als systemspezifische, an sich unbekannte Zustands-

---

13 Sollte dieser Entropiestrom (wie ein entsprechender Stoffstrom) mit einem Impulsstrom verkettet sein, dann müsste das System für eine Erwärmung bzw. Abkühlung „festgehalten" werden.

funktion aufzufassen, die vom Ansatz her selbst aus dem Verhältnis zwischen thermischem Pensum und entropischem Inventarunterschied abzuleiten wäre:

$$\tau = \frac{\Delta Q}{\Delta S} \qquad (5)$$

Die Umwidmung dieser ursprünglichen Relation (5) in die Relation (2) zwischen thermischem Pensum ΔQ und thermischem Potential τ zugunsten der Berechnung von ΔS setzt folglich die Kenntnis des thermischen Potentials τ voraus.

Tatsächlich besteht die einhellige Überzeugung, dass sich dieses thermische Potential τ für beliebige Systeme (und damit universell) auf die bekannte Zustandsfunktion T zurückführen[14] lässt, also auf die Temperaturfunktion eines Idealen Gases [E 100], welches im Kontakt mit dem zu beschreibenden System steht. So gilt die folgende, aus Gleichung (2) hervorgehende Definition der Entropie als 100%ig gewährleistet:

$$\Delta S = \frac{1}{T} \cdot \Delta Q \qquad (6)$$

Da die entsprechende Beweiskette im „Zweiten Hauptsatz" gründet (Kapitel 8.1), ist folgende Gleichung sakrosankt:

$$\tau = T \qquad (7)$$

---

14 Auf das chemische Potential übertragen müsste ein „Chemometer" existieren, an welchem im chemischen Gleichgewicht mit dem zu vermessenden System eine Größe ablesbar wäre, welche sich über eine invariante (und sehr einfache) Formel in das chemische Potential des vermessenen Stoffes umrechnen ließe.

Eine solche „Heiligsprechung" ist jedoch nicht gerechtfertigt, denn der fragliche Beweis stützt sich nicht nur unbesehen auf den „Zweiten Hauptsatz", sondern beruht zusätzlich auf den folgenden beiden Annahmen:
- Die Entropie ist eine Erhaltungsgröße.
- Die Entropie lässt sich von anderen physikalischen Mengen radikal separieren[15].

Während wir der Annahme über die radikale Separierbarkeit der Entropie bereits bei der Interpretation eines thermischen Pensums als „Wärmestrom" begegnet sind (Kapitel 4.3), müssen wir noch genauer entwickeln, wie die Annahme, dass die Entropie eine Erhaltungsgröße sei, zustande kommen konnte, ohne dass sogleich eine Rechtfertigung dafür eingeklagt wurde.

Die Lehrbücher der Wärmelehre schenken der Tatsache, dass Annahmen in die Entropie-Definition einfließen, die sich als kritisch erweisen können, aus einem ganz einfachen Grund keine Beachtung: Diese Zusammenhänge werden überhaupt nicht wahrgenommen. Wir werden gleich sehen, woran das liegt.

In jedem Fall können diese Zusammenhänge dafür sorgen, dass der Universalitätsanspruch für die Gleichung (7) bzw. für die Entropie-Definition (6) fallengelassen werden muss. Während dies für die Physik doch ziemlich peinlich wäre, könnte es sich für die Suche nach effizienteren Energiewandlern als erfreulich erweisen.

---

15 Damit ist gemeint, dass ein System mit Entropie beaufschlagt oder ihm Entropie entnommen werden kann, ohne dass sich dessen Inventar an anderen Mengen dadurch änderte. Diese bedeutete offenbar, dass die Quanten der Entropie mit den Quanten anderer Mengen nicht wechselwirken können.

5. Die Frage der Universalität

Dieses Kapitel ist den beiden eben genannten Annahmen über bestimmte Umwandlungseigenschaften der Entropie gewidmet. Ist auch nur eine der beiden nicht universell gültig, dann kann es sich bei dem Programm zur Definition der Entropie nicht um ein Entropie-Prinzip handeln, sondern lediglich um ein Konzept, das sich umfänglich zu rechtfertigen hat und letztlich nur darauf wartet, von einem besseren Konzept abgelöst zu werden. In diesem Falle spielte die Tatsache, dass der „Zweite Hauptsatz" die Aufgabe, die ihm im Rahmen der Entropie-Definition zugeteilt wurde, gar nicht lösen kann (Kapitel 8.2), keine entscheidende Rolle mehr.

5.1 Mechanistische Wurzeln

Ein wesentlicher und dabei doch verborgen gebliebener Grund, warum die beiden eben genannten Zusatzannahmen gar nicht als solche wahrgenommen werden, ist in der mechanistischen Wurzel der Wärmelehre zu suchen, welche nicht umsonst lange Zeit auch als „mechanische Wärmetheorie" bezeichnet wurde.

Ihr ist es zu verdanken, dass die Objekte der Wärmelehre nicht als Vereinigungsmenge raum- und zeitloser Gleichgewichtszustände, sondern wie selbstverständlich als Objekte („Entitäten") in Raum und Zeit wahrgenommen werden, deren Veränderungen jeweils durch äußere Ursachen – durch „Bestromung" mit physikalischen Mengen – zustande kommen.

Die Betrachtung „ursächlicher Ströme" mag der dynamischen Auffassung gerecht werden, die wir von der Mechanik her gewohnt sind. Doch im Brennpunkt der Wärmelehre stehen keine derartigen Ströme[16], sondern nur Anfangs-, Zwischen- und Endzustände des betroffenen Systems, d.h. seine jeweiligen Inventare und die damit verbundenen Unterschiede.

So kommt es, dass sich die Objekte der Anschauung und die Objekte der Wärmelehre grundsätzlich unterscheiden:

1. Die Anschauung richtet sich auf externe Entropie- bzw. Wärmeströme, d.h. auf übertragene Entropiemengen

2. Die Wärmelehre beschreibt entropische Inventarunterschiede ΔS bzw. damit verbundene interne Pensa ΔQ.

Die anschauliche Wahrnehmung der Objekte der Wärmelehre wäre bis zu einem gewissen Grad gerechtfertigt, wenn entropische Inventarunterschiede und übertragene („verströmte") Entropiemengen generell übereinstimmten, d.h. wenn die Entropie eine klassische Erhaltungsgröße wäre.

Sofern jedoch Entropie infolge ihres Austauschs mit der Umgebung im System grundsätzlich „quellen" kann, d.h. in Teilen entweder (hinzu) produziert oder (hinweg)

---

[16] Im Rahmen des „Karlsruher Physikkurses", der eine an didaktischen Gesichtspunkten orientierte einheitliche Betrachtungsweise verschiedener physikalischer Teilgebiete anstrebt, werden Systemeigenschaften sogar konsequent aus der Betrachtung von Strömen erschlossen, was dazu führt, auch die Inventaränderungen aus der gibbsschen Fundamentalform als externe Ströme aufzufassen [Herrmann 1997, 49].

vernichtet wird, können eine verströmte Entropiemenge und der mit ihr einhergehende Inventarunterschied nicht übereinstimmen.

Welche der beiden Möglichkeiten[17] zutrifft, kann im Rahmen der Wärmelehre bisher nicht entschieden werden, denn um einen Unterschied zwischen übertragener Entropiemenge einerseits und entropischem Inventarunterschied andererseits feststellen zu können, muss das entropische Inventar eines Zustands bestimmbar sein. Und genau dafür gibt es keinen Ansatz – weswegen ja auch mit dem indirekten Ansatz (2) bzw. (6) zur Entropie-Definition operiert wird.

Behandelt man nichtsdestotrotz einen (statischen) Inventarunterschied generell als einen (dynamischen) Strom identischen Ausmaßes, so wird der betroffenen Menge die Erhaltungseigenschaft quasi übergestülpt. Letztlich ist es also der normativen Kraft des mechanistischen Weltbildes zu verdanken, dass die Entropie von Beginn an als eine Erhaltungsgröße reinsten Wassers aufgetreten ist.

Wir werden noch sehen (Kapitel 5.4), dass der wunschgemäße Schluss auf die universelle Identität zwischen thermischem Potential τ und Gastemperatur T gemäß Gleichung (7) ohne diese Annahme auch gar nicht zu haben ist.

---

[17] Egal ob die Entropie eine Erhaltungsgröße ist oder quellen kann, die entsprechenden Gleichgewichtszustände müssen sich aus demselben Satz systemspezifischer Zustandsgleichungen ableiten und sich deshalb so oder so zu „reversiblen Prozessen" aneinanderreihen lassen. Siehe dazu das Kapitel 8.3.

5.2 Jonglieren mit Bilanzen

Aufgrund der mechanistischen Auffassung von Wärme kapriziert sich die Aufmerksamkeit auf äußere Ströme der Entropie, und nicht auf ihre systeminternen Inventarunterschiede. Da man die Unterschiede im Entropie-Inventar ja gar nicht direkt zu beziffern vermag, kann die spekulative Behandlung der Entropie als Erhaltungsgröße auch nicht so einfach auffliegen.

Mit der Konzentration auf Ströme statt auf Inventarunterschiede ist noch eine weitere Falle verbunden: Es bleibt leicht verborgen, dass es sich bei den „Strömen", die das zu beschreibende System in dieser Höhe auszutauschen scheint, auch um Inventaränderungen *peripherer* Systeme handeln kann.

Das beste Beispiel dafür ist die Volumenarbeit ΔW, die das System verrichtet und durch folgenden Ansatz berechnet wird:

$$\Delta W = -p \cdot \Delta V \qquad (8)$$

Da sowohl der Druck p als auch das Volumen V (bzw. seine Differenz) am System gemessen werden, scheint die Volumenarbeit ΔW aus Gleichung (8) ein natürlicher Bestandteil von dessen Energiebilanz zu sein.

Ein erstes Indiz, dass diese Auffassung nicht ohne weiteres zutreffen kann, ergibt sich aus der Tatsache, dass es sich bei dem Volumen – also der zum Druck energiekonjugierten Größe [E 58] – um keine mengenartige Größe handelt, da Volumen weder strömen noch quellen kann [E 157]. Aus diesem Grund scheint die universelle Struktur der gibbsschen Fundamentalform (1) durch den Ansatz in Gleichung (8) zerstört zu sein.

Da sich hinter der Volumenarbeit $p \cdot dV$ jedoch rein rechnerisch die Änderung $\vec{v} \cdot d\vec{p}$ der kinetischen Energie einer Punktmasse verbirgt [E 84], und es sich bei der kinematischen Geschwindigkeit $\vec{v}$ tatsächlich um das genuine[18] mechanische Potential [Falk/Ruppel 1976, 63] handelt, scheint der Ansatz, den Druck als mechanisches Pensum anzusetzen, noch nicht verloren zu sein.

Nur kann es sich bei dieser Punktmasse natürlich nicht um das zu beschreibende System selbst handeln, da dieses neben Impuls – dem exklusiven Inventar einer Punktmasse – beliebige andere Mengen enthalten kann. Bei der fraglichen Punktmasse handelt es sich vielmehr um dasjenige „Impuls-Reservoir", mit dem das fragliche System mechanisch im Austausch steht.

Dem trägt[19] die Wärmelehre insofern Rechnung, als sie die Volumenarbeit – also das Pensum des externen Impuls-Reservoirs – mit umgekehrtem Vorzeichen in die gibbssche Fundamentalform des Systems einträgt. Dass es sich dabei nicht um sein eigenes, sondern um ein systemfremdes Pensum handelt, wird jedoch nicht realisiert. Dies zeigt sich insbesondere bei der Energiebilanz des notorischen gasgefüllten Arbeitszylinders, dessen Kolben entropie- und stoffadiabat expandiert.

---

18 Die „Einlagerung" von Impuls in ein Feld (Gravitation, Zug- oder Druckfeder etc.) soll hier nicht näher betrachtet werden.

19 Dass die externe Volumenarbeit und damit das externe Impuls-Reservoir und nicht die im System befindliche Impulsmenge bilanziert wird, ist unter strategischen Gesichtspunkten ohne weiteres nachzuvollziehen: Während im System selbst größenordnungsmäßig 10^{23} Impulsportionen mit maxwellsch verteilter kinematischer Geschwindigkeit zu berücksichtigen wären, handelt es sich bei dem externen Reservoir nur um eine einzige Impuls-Portion.

Bei dieser Energiebilanz berücksichtigt die Wärmelehre nur Volumenarbeit. Das ist energetisch korrekt, weil die Energieänderung des Kolbensystems und die der von ihm beschleunigten Masse identisch sind. Jedoch wird die Energieänderung des Kolbensystems auf diese Weise nicht in seine Pensa aufgeschlüsselt, welche nicht nur mechanischer, sondern insbesondere thermischer und chemischer Natur sein können.

Die Behandlung von Stoff- und Entropiemenge als Erhaltungsgrößen trägt ein übriges dazu bei, das Missverständnis zu zementieren, mit der Volumenarbeit das korrekte mechanische Pensum des Kolbensystems zu veranschlagen.

An sich ist es völlig in Ordnung, die Bilanz eines Systems durch die seiner Peripherie zu ersetzen (insbesondere wenn ersteres unbekannt und letztere bekannt ist), doch muss dies dann auch konsequent durchgezogen werden: Entweder man bilanziert nur die peripheren Systeme oder man kümmert sich nur um die Änderungen am System selbst. Auch hier führt das Denken in Strömen zu einer fatalen Sorglosigkeit im Umgang mit der Energiebilanz und ihren Beiträgen.

Und tatsächlich: Ausgerechnet der Standardbeweis zugunsten der universellen Gültigkeit der elementaren Gleichung (7) tappt in genau diese Falle: Die genuin peripher angelegte Energiebilanz wird dem System zugeschlagen, ohne die Voraussetzungen zu bedenken, die dafür gültig sein müssen, und von denen die Wärmelehre seitdem unnötigerweise infiziert ist.

5.3 Unsinnige Entropie-Reservoire

Der Standardbeweis zugunsten der universellen Gültigkeit der Gleichungen (6) bzw. (7) beruht auf der Energiebilanz einer carnotschen Wärmekraftmaschine.

In konventioneller Betrachtungsweise leistet eine solche Maschine zyklisch die Arbeit W, wofür sie jeweils die „Heizenergie" Q_{zu} aufnehmen und die „Abwärme" Q_{ab} abgeben muss (Abbildung 5.1). Während sich die geleistete Arbeit auf ein Schwungrad oder einen elektrischen Generator übertragen lässt, werden die „Wärmen" Q_{zu} sowie Q_{ab} gewissen „Wärme-Reservoiren" entnommen bzw. zugeführt, die jeweils eine bestimmte konstante Temperatur T_1 und T_2 einhalten müssen (wobei das für die „Abwärme" zuständige Reservoir die niedrigere Temperatur aufweist).

Auf diese Weise wird die Maschine mit ihren „Energieströmen" als Objekte der Anschauung in den Mittelpunkt gestellt. Dabei besteht der eigentliche Dreh- und Angelpunkt des anstehenden Beweises im thermischen Wirkungsgrad η, der sich nicht auf „Ströme" bezieht, die die Maschine austauscht, sondern auf zwei ganz bestimmte energetische Veränderungen bzw. „Pensa" in ihrer Peripherie:

$$\eta = \frac{W}{Q_{zu}} \qquad (9)$$

Unabhängig davon, mit welchen Voraussetzungen und Argumenten sich die Entropie-Definition (6) am Ende aus dieser Gleichung (9) ableiten lässt – mit diesem Ansatz startet sie aus dem Stegreif mit zwei impliziten Annahmen, von denen sich eine für den anschließenden Beweisgang als letal herausstellen wird.

Abbildung 5.1: Konventionelle Energiebilanz eines carnotschen Kreisprozesses

Bei der konventionellen Interpretation der Energiebilanz eines carnotschen Kreisprozesses werden „Energieströme" zwischen der carnotschen Maschine und ihren peripheren Reservoiren betrachtet, die dabei wie selbstverständlich über die Maschine abgerechnet werden. Tatsächlich geht es aber um Inventarunterschiede der peripheren Reservoire (siehe Abbildung 5.2), die auf diese Weise nun implizit mit denen der carnotschen Maschine gleichgesetzt werden und dadurch insbesondere die Erhaltung der Entropie voraussetzen.

Dass Entropie sich „quellend" mit Stoff und Impuls umwandeln oder (wie Stoff) auch Impuls mit sich führen könnte, das fällt auf diesem Wege diskussionslos unter Amnesie. So bleibt auch unerkannt, dass es sich bei den isothermen Wärme-Reservoiren um Reservoire handeln muss, die Entropie isotherm austauschen können, ohne dass sich dabei ihr sonstiges Inventar ändert.

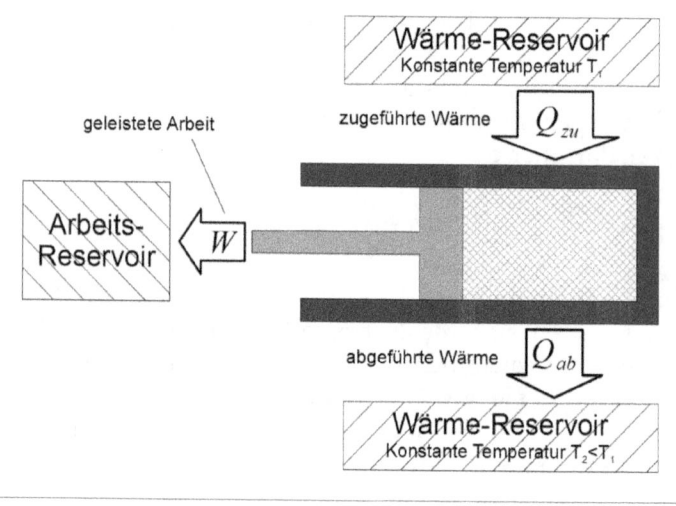

In Gleichung (9) stellt der Beitrag W die Energieänderung eines reinen Impuls-Reservoirs dar und der Beitrag Q_{zu} die Energieänderung eines reinen Entropie-Reservoirs. Nur wenn vernünftigerweise angenommen werden darf, dass Reservoire mit solchen Eigenschaften in der Natur anzutreffen sind, kann ein Beweis, der ihre Existenz voraussetzt, eine logische Kraft entfalten.

Mit den reinen Impuls-Reservoiren gibt es keine Probleme. Schließlich operiert die klassische Mechanik seit je erfolgreich mit Massenpunkten als Reservoire, die nur Änderungen ihres Impulsinventars erfahren – selbst wenn der Massenpunkt in „Wirklichkeit" (mindestens) aus Stoff- und Entropiemenge besteht.

Die Existenz von „Wärme-Reservoiren", bei denen sich infolge des Austauschs von Entropie stets nur das Entropie-Inventar ändert (Abbildung 5.2), muss jedoch hinterfragt werden:

- Können Systeme Entropie austauschen, ohne dass sich deren Stoff- und Impulsmengen dabei ändern?
- Und dies – was für den Beweis eine wesentliche Randbedingung ist – bei konstanter Temperatur?

Dies wäre gleichbedeutend damit, Entropie vollständig separieren, mithin reine[20] Entropie-Reservoire darstellen zu können. In Unkenntnis der Substanz und insbesondere des Umwandlungsverhaltens der Entropie hat

---

20 Die Omnipräsenz der Entropie ist als Indiz zu werten, dass keinem System sämtliche Entropie entnommen werden kann, bzw. dass diese bei Entnahme „nachproduziert" wird. Im Rahmen der These, dass Entropie und Licht identisch sind, wäre dies eine Selbstverständlichkeit.

Abbildung 5.2: Konsistente Energiebilanz eines carnotschen Kreisprozesses

Bei der konsistenten Interpretation eines carnotschen Kreisprozesses spielen Ströme keine Rolle. Für seine Energiebilanz und damit auch für den thermischen Wirkungsgrad können vielmehr nur die Inventaränderungen der peripheren Reservoire bewertet werden. Dadurch wird eine massive Randbedingung offenbar. Wird der thermische Wirkungsgrad nämlich als Verhältnis eines mechanischen und eines thermischen Pensums definiert, dann operiert man – wie in der Grafik unten angedeutet wird – zwangsläufig mit „reinen" Reservoiren.

Zwar behandelt die klassische Mechanik ihre „Massenpunkte" sehr erfolgreich als reine Impuls-Reservoire. Doch wie berechtigt ist die Annahme, dass Wärme-Reservoire existieren, denen Entropie entzogen bzw. zugeführt werden kann (zumal isotherm), ohne dass sich deren Inventar an anderen Mengengrößen dabei änderte?

Ohne solche reinen Entropie-Reservoire ließe sich die bekannte Entropie-Definition jedoch gar nicht erzielen, da sonst weitere Pensa in den thermischen Wirkungsgrad (9) eingingen und die am Ende unverzichtbare Umrechnung der peripheren Pensa auf die carnotsche Maschine damit unmöglich machten (siehe Kapitel 5.4).

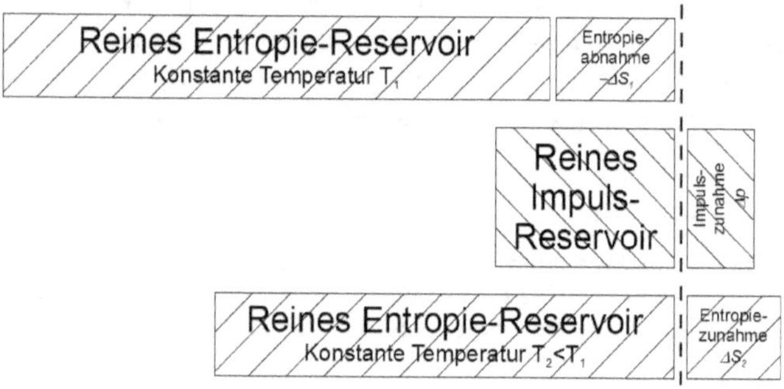

Reines Entropie-Reservoir
Konstante Temperatur T_1
Entropieabnahme $-\Delta S_1$

Reines Impuls-Reservoir
Impulszunahme Δp

Reines Entropie-Reservoir
Konstante Temperatur $T_2 < T_1$
Entropiezunahme ΔS_2

diese Annahme mindestens als unsicher[21] zu gelten. Bedenkt man darüber hinaus, dass sich sowohl chemische Gleichgewichte als auch spektrale Impulsdichten systematisch mit der Entropie ändern, dann muss das Modell eines reinen Entropie-Reservoirs bzw. einer vom „Rest" entkoppelten Entropiemenge, über die man zwecks Austausch frei verfügen kann, als physikalisch sinnlos bezeichnet werden.

Der Beweis zugunsten der universellen Identität von τ und T befindet sich also vom Start weg in einer katastrophalen Schieflage, weil von einer physikalisch unsinnigen radikalen Separierbarkeit von Entropie ausgegangen werden muss. Spätestens dann, wenn die Bilanz der Peripherie in eine Bilanz der Wärmekraftmaschine selbst überführt wird, muss sein universeller Anspruch endgültig zerschellen.

5.4 Unnötige Entropie-Erhaltung

In den Standardbeweis gehen nicht nur implizite Annahmen ein. So stützt er sich ausdrücklich auf die Annahme, dass der über Gleichung (9) definierte thermische Wirkungsgrad η von den Eigenschaften der carnotschen Maschine unabhängig ist, letztlich also nur von den Temperaturen T_1 und T_2 abhängen kann, die in den beiden beteiligten Wärme-Reservoiren herrschen:

$$\eta = \frac{W}{Q_{zu}} = f(T_1, T_2) \tag{10}$$

---

21 Mit der hier vertretenen These, dass Entropie und Licht identisch sind, stünde sie ohnehin im Widerspruch, da sich Entropie dann nur zusammen mit Impuls austauschen ließe.

Abbildung 5.3: Konventionelle und konsistente Darstellung carnotscher Kreisprozesse

Das thermische Pensum einer zyklisch arbeitenden carnotschen Maschine soll sich entsprechend ihrer isotherm-adiabaten „Prozessführung" in einem T-S-Diagramm als Rechteck ergeben. Das damit verbundene thermische Pensum Q_{ER} bezieht sich allerdings nicht auf die carnotsche Maschine selbst, sondern auf die Entropie-Reservoire aus seiner Peripherie, an denen keine weiteren Pensa infolge des Entropieaustauschs entstehen dürfen.

Wenn es keine physikalisch begründbaren Einschränkungen an das thermische Potential τ der carnotschen Maschine bzw. Vorgaben an die Erhaltungseigenschaft der Entropie S gibt, muss das thermische Pensum Q_{cM} der carnotschen Maschine im τ-S-Diagramm keine Rechteckform haben. Insbesondere treten die Entropie--Adiabaten nicht zwingend als Zustandsfolgen mit konstanter Entropie („Isentropen") auf und muss das thermische Potential längs einer Isotherme als spezifische Zustandsfunktion auch nicht notwendig konstant sein.

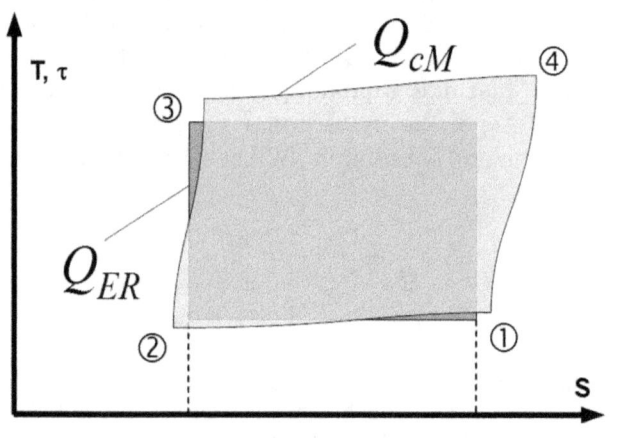

Die Bürde, diese Annahme (10) beweisen zu müssen, obliegt dem „Zweiten Hauptsatz". Ob er sie zu schultern vermag oder ob er unter ihr zerbricht, das ist unwesentlich angesichts der Herausforderung, Gleichung (10) – die sich vom Ansatz her aus Beiträgen unterschiedlicher Systeme konstituiert – so umzurechnen, dass nur noch energetische Beiträge der Maschine selbst auftreten.

Denn nur dann ließe sich aus Gleichung (10) eine konsistente (nämlich auf ein einziges System bezogene) Entropie-Definition gewinnen [E 256]. Wie wir im folgenden sehen werden, gelingt diese Umrechnung erst mit Hilfe einer weiteren Annahme, nämlich dass die Entropie eine Erhaltungsgröße sein müsse.

Die carnotsche Maschine vollführt ihren Kreisprozess in vier Phasen (Abbildung 5.3). Für unsere Fragestellung sind dabei nur die beiden folgenden Sachverhalte wichtig:

1. In zwei der vier Phasen wird jeweils eines der beiden Entropie-Reservoire beansprucht, die dadurch (nacheinander) eine Änderung ihres Entropieinventars erfahren und somit je einen Beitrag zur (peripheren) Energiebilanz leisten, nämlich (wie bereits gesehen) Q_{zu} und Q_{ab}.

2. Die carnotsche Maschine dagegen wird grundsätzlich in allen vier Phasen beansprucht und muss deshalb grundsätzlich auch vier Beiträge zu ihrer Energiebilanz abliefern, die jeweils durch eine bestimmte Änderung ihres Entropieinventars entstehen.

Die Herausforderung für die Beweisführung besteht also darin, die zwei Beiträge Q_{zu} und Q_{ab} der Entropie-Reservoire in die vier Beiträge Q_1, Q_2, Q_3 und Q_4 der Wärmekraftmaschine zu überführen.

Dies funktionierte sofort, dürfte man die Entropie als universelle Erhaltungsgröße betrachten. Dann nämlich würde auch die Wärmekraftmaschine nur in zwei der vier Phasen einen entropischen Beitrag zur Energiebilanz abliefern, da die Entropie der Maschine in den beiden anderen Phasen (reinen Impulsaustausches) voraussetzungsgemäß erhalten bliebe. Somit würden die Beiträge der Entropie-Reservoire mit denen der Wärmekraftmaschine zusammenfallen [E 257].

Auf diesem Wege dürften dann alle[22] einzelnen Beiträge aus der Peripherie direkt in die Bilanz der Wärmekraftmaschine eingeschrieben werden und der gewünschte „Beweis" ließe sich *straightforward* zu Ende bringen.

5.5 Wenn die Gewaltenteilung aufgehoben ist

Die Standard-Definition der Entropie beruht auf dem Beweis, dass das thermische Potential τ eines jeden Systems generell mit der Temperaturfunktion T des Idealen Gases identisch ist. Zugunsten dieses Beweises müssen die folgenden drei Voraussetzungen ausnahmslos erfüllt sein:

---

[22] Dass dabei zusätzlich der Stoff als Erhaltungsgröße angenommen werden muss [E 256], ist an dieser Stelle nicht mehr entscheidend.

1. Ausgangsgleichung (10) ist universell gültig.
2. Entropie lässt sich radikal von allen anderen physikalischen Mengen separieren.
3. Entropie ist eine Erhaltungsgröße.

Die Gültigkeit der 1. Voraussetzung wird aus dem „Zweiten Hauptsatz" abgeleitet. Dies ist dann nebensächlich, wenn sich die beiden anderen Voraussetzungen als falsch, unsinnig oder fragwürdig herausstellen. Die Fragwürdigkeit der 2. Voraussetzung wurde bereits diskutiert. Die physikalisch unsinnige Forderung nach radikaler Separierbarkeit der Entropie ergeht allerdings nur implizit und bleibt wegen der Verwechslung von Inventarunterschieden und Strömen unbemerkt (Kapitel 5.1).

Die 3. Voraussetzung wiederum, dass die Entropie eine Erhaltungsgröße sei, gilt als völlig selbstverständlich[23]. Das ist nicht nur eine weitere Folge der Verwechslung von Inventarunterschieden mit äußeren Strömen. Auch die vermeintliche Gewissheit (Kapitel 8.3), dass sie nur unter bestimmten Bedingungen zunehmen und im übrigen niemals abnehmen könne, trägt dazu bei. Dabei kann diese Gewissheit allenfalls einer gelungenen Entropie-Definition entwachsen und steht für diese Fragestellung noch gar nicht zur Verfügung.

Für gewöhnlich muss sich eine physikalische Größe peinlich und langanhaltend befragen lassen, ehe sie eine solch elementare und weitreichende Eigenschaft zugesprochen bekommt. Dies ist (*ceterum censeo ...*) bei der Entropie natürlich unmöglich, weil für ihre direkte Messbarkeit kein Ansatz entwickelt wurde.

---

[23] Insbesondere durch die systematische Gleichsetzung von Adiabaten mit Isentropen.

Die Wärmelehre aktuellen Zuschnitts meint, dank Gleichung (6) auf die direkte Messbarkeit der Entropie verzichten zu können. Zugunsten dessen ist sie allerdings auf *ad-hoc*-Annahmen (Entropieerhaltung und radikale Separierbarkeit) angewiesen, die sich wiederum nur durch eine direkte Messung der Entropie überprüfen ließen. Mit dieser Patt-Situation ist die „Gewaltenteilung" innerhalb der Wissenschaft (die sie zu einer „Leitkultur" der Moderne gemacht hat) aufgehoben, nach der nur Annahmen verwendet werden dürfen, die sich auch falsifizieren lassen.

Dieses Jammertal unfalsifizierbarer Annahmen könnten wir sofort mit einer These über die Substanz der Entropie hinter uns lassen, die ihre unmittelbare Messung oder Bestimmung an einem Zustand erlaubt.

5.6 Alternativer Definitionsansatz

Der entscheidende Ansatz, um eine solche These entwickeln zu können, ist die Annahme, dass auch Entropie quantisiert vorliegen muss. Wie naheliegend dieser Ansatz eigentlich ist, wird ersichtlich, wenn wir uns das Spiel der „bewegenden Kraft des Feuers" vergegenwärtigen: Stoff (chemische Energie) und Entropie (Wärme) werden eingesetzt, um Impuls (mechanische Energie) zu gewinnen bzw. umzuverteilen.

Die beteiligten Systeme – also eine Wärmekraftmaschine einschließlich entsprechender Stoff-, Entropie- und Impuls-Reservoire – ändern dabei fortwährend ihre spezifischen Inventare, und zwar nicht primär aufgrund von Mengenströmen zwischen ihnen, sondern am Ende aufgrund von Umwandlungsvorgängen, bei denen Quanten vernichtet und erzeugt werden. Die chemischen Reaktionen bei der Verbrennung von Öl, Kohle oder Holz zur Expansion des Arbeitsstoffes der Wärmekraftmaschine machen dies einmal mehr deutlich.

Der Quantencharakter der Entropie bedarf schon deswegen einer grundsätzlichen Klärung, weil die Wärmelehre ja ausdrücklich Situationen betrachtet, in denen Entropie produziert wird, und schon längst – insbesondere mit Blick auf den Stoff als produzierbare physikalische Menge – nach dem entsprechenden Mechanismus hätte fragen müssen.

Wäre der Mechanismus der Entropieproduktion mit dem der Stoffproduktion vergleichbar – als Überschuss an Quanten infolge der Verschiebung eines Reaktions- bzw. Umwandlungsgleichgewichtes –, so wäre ein kerzengerader Weg gewiesen, wie sich das Ausmaß eines entropischen Inventars direkt bestimmen lassen sollte: Durch Messung oder Bestimmung der Anzahl anwesender Entropiequanten, welche sich in Verbindung mit der entsprechenden Elementarmenge der Entropie ohne Umschweife in die Entropiemenge umrechnen ließe.

Auch hier kann beispielhaft auf die Bestimmung der Stoffmenge aus der Anzahl der anwesenden Stoffquanten verwiesen werden. (Siehe dazu die moderne Definition des „Mol" als Einheit der Stoffmenge [E 169]). Ursprünglich wurden Stoffmengen aus den Massenverhältnissen von Edukten bestimmt, die sich vollständig miteinander umwandeln. Ein entsprechendes komponentenweises Auftreten der Entropie soll hier jedoch nicht unterstellt werden.)

Natürlich müssen dafür die Entropiequanten bekannt sein, wobei grundsätzlich damit zu rechnen ist, dass wir mit ihnen bereits vertraut sind – schließlich ist Wärme in unserer Lebenswelt allgegenwärtig, während diese wiederum (physikalisch gesehen) als sehr weitgehend durchdrungen gilt.

Tatsächlich wird uns ein Blick in die Geschichte der Entdeckung der Quanten nicht nur das Versäumnis vor Augen führen, auf die Befragung der Entropie nach ihren Quanten gänzlich verzichtet zu haben. Zusätzlich begegnet uns auch eine andere physikalische Mengengröße, die die Wiege der Quantentheorie bereits geschaukelt hat, als das ganze Ausmaß der kommenden Quanten-Revolution noch gar nicht zu erahnen war.

Obwohl die Elementarteilchen dieser Mengengröße wohlbekannt sind und z.B. elementar an chemischen Reaktionen beteiligt sind, wurde ihre Ansammlung niemals systematisch als physikalische Menge betrachtet, die sich mit anderen physikalischen Mengen umwandelt und dabei ihr Pensum, d.h. ihren Beitrag zur Energieänderung leistet.

Handelte es sich bei dieser bisher unberücksichtigt gebliebenen physikalischen Größe einerseits und der Entropie andererseits um dieselbe Menge, dann wäre der gordische Knoten der Wärmelehre – weder die Substanz von Entropie zu kennen, noch sie in Unkenntnis ihrer Quanten direkt messen zu können – mit einem Schlage durchhauen.

6. Kleine Geschichte der Quantentheorie

Die Tabelle in Abbildung 6.1 gibt eine Chronologie der Schlüsselexperimente wieder, die jeweils zur Entdeckung des Quants einer bestimmten Mengensorte führten. Diese Schlüsselexperimente ließen sich entweder klassisch nicht erklären oder wurden gezielt entwickelt, um den Quantencharakter einer bestimmten Größe nachweisen zu können (insbesondere bei der elektrischen Ladung und dem Stoff).

Der Wert einer jeden physikalischen Mengengröße, die in Tabelle 1 aus Abbildung 6.1 unter „Mengensorte" aufgeführt wird, ist prinzipiell proportional zur Anzahl entsprechender Elementarteilchen bzw. Quanten, die in dem zu beschreibenden System angetroffen werden. Dabei waren Stoffmenge und Ladungsmenge schon lange vor der Quantenrevolution bekannt, weil man ihre Quanten konzentrieren und „verströmen" konnte, ohne über sie bereits konkret Bescheid wissen zu müssen.

Auf andere Mengengrößen war man dagegen noch gar nicht aufmerksam geworden, da makroskopische Effekte[24], die sich aus einer Anhäufung der entsprechenden

---

24 So konnte mit den durchaus omnipräsenten Drehimpulsen gebundener Elektronen erst durch ein Experiment von Albert Einstein und Wander Johannes de Haas (1915) ein makroskopischer Effekt („Einstein-de-Haas-Effekt") dargestellt werden, nämlich die Kompensation einheitlich in einem Magnetfeld ausgerichteter mikroskopischer Drehimpulsquanten durch eine messbare makroskopische Drehimpulsmenge.

Abbildung 6.1: Chronologie einer Revolution

Die Quantenrevolution der Physik startete 1900 mit einer These, mit der sich die spektrale Energiedichte von Hohlraumstrahlung zwar richtig ableiten ließ, die in ihrer Stoßrichtung jedoch missverstanden bzw. nicht zu Ende gedacht wurde. Sonst wäre die Frage aufgeworfen worden, ob man mit den Quanten des Lichts womöglich die der Entropie vor sich haben könnte.

Jahr	Entdecker	Mengensorte	Experimenteller Befund
1900	Planck	Licht	Hohlraumstrahlung
1905	Einstein	Stoff	Brownsche Bewegung
		Licht	Photoeffekt
1907		Phononenmeer	Wärmekapazität von Festkörpern bei tiefen Temperaturen
1910	Millikan	Ladung	Öltröpfchenversuch
1911	Debye	Phononenmeer	Universelle Festkörpereigenschaften
1913	Bohr	Bahndrehimpuls	Absorptionslinien des Wasserstoffs
		Licht	
1920	Stern	Stoff	Geschwindigkeit eines Silberatom-Strahls
1922	Stern und Gerlach	Spin	Silberatom-Strahl spaltet im Magnetfeld auf
	Compton	Licht	Streuung von Röntgenstrahlung

Tabelle 1: Chronologische Übersicht zur Entdeckung bzw. Postulierung von Quanten. Für die physikalische Menge, in die das Kristallgitter eines Festkörpers eingebettet ist, wurde der etwas bildhafte Ausdruck „Phononenmeer" gewählt, weil das „Phonon" selbst das Quant dieser Menge ist. Nämliches wäre allerdings auch bei Spin und Bahndrehimpuls zu berücksichtigen.

Quanten ergeben hätten, unbekannt waren. Insbesondere treten unter den üblichen Bedingungen neben Atomen, Elektronen und Photonen keine weiteren Elementarteilchen mengenartig in Erscheinung, weil sie sich normalerweise sofort zu Stoff vereinigen. Deshalb wird auf die Entdeckung von Proton (1914), Neutron (1932) usw. auch nicht näher eingegangen.

6.1 Geburt der Quantentheorie

Trotz aller glänzenden Erfolge befand sich die Physik an der Wende vom 19. zum 20. Jahrhundert doch in einer tiefen Krise: Nach zahlreichen Vorarbeiten von Otto Lummer und Ernst Pringsheim konnten Ferdinand Kurlbaum und Heinrich Rubens schließlich zweifelsfrei nachweisen, dass die spektrale Energiedichte des Lichts in einem „Hohlraum" – der sog. „Hohlraumstrahlung"[25] – jenseits eines temperaturabhängigen Strahlungsmaximums offenbar gegen Null ging [E 204].

Dagegen sagte die klassische Theorie der elektromagnetischen Strahlung voraus, dass sich die spektrale Energiedichte mit der Frequenz immer weiter steigern sollte, was im übrigen mit einem unendlich großen Energieausstoß verbunden gewesen wäre. Auch ein alternativer Ansatz von Wilhelm Wien, den Max Planck aus thermodynamischer Sicht zu begründen versucht hatte, konnte nur für einen Teil des Spektrums richtige Vorhersagen machen.

---

25 Unter „Hohlraumstrahlung" versteht man elektromagnetische Strahlung im thermischen Gleichgewicht mit einer stofflichen Wand, die sie vollständig einschließt.

Während die klassisch vorhergesagte „Ultraviolett-Katastrophe" ganz offenbar nicht stattfand, wurde das Versagen der klassischen Physik bei der Ableitung dieser Hohlraumstrahlungskurve zunehmend als Katastrophe im übertragenen Sinne empfunden.

Schließlich gelang es Max Planck, die gemessene Strahlungskurve korrekt zu modellieren[26], indem er – in einem „Akt der Verzweiflung" [Hoffmann 2008, 61] – das klassische Modell des Strahlungskontinuums aufgab, und stattdessen eine begrenzte Menge an Trägern von Lichtenergie postulierte. Diese These erschien Planck so befremdlich, dass er sie nur als „rein formale Annahme" gelten ließ und (vorerst) keinen Anlass sah, diese anschaulich, womöglich noch im Wortsinne zu interpretieren.

Verteilte sich nun die Lichtenergie eines Hohlraums auf eine endliche Zahl von Trägern nach den bewährten Gesetzen der statistischen Physik, so stimmten die vorhergesagte und die gemessene Verteilung der spektralen Energiedichte des Lichts endlich im gesamten Frequenzspektrum vollständig überein.

So wird heutzutage der 14. Dezember 1900, an dem Planck sein Referat mit dem Titel „Zur Theorie des Gesetzes der Energieverteilung im Normalspektrum" auf

---

26 Das plancksche Strahlungsgesetz ist unabhängig von den Eigenschaften des Hohlraums, was als unmittelbare Konsequenz des kirchhoffschen Strahlungsgesetzes gilt. Dieses Gesetz würde ein Revirement an der Basis der Wärmelehre, in die die Entropie als quantisierte, zumal „reversibel" quellfähige Mengengröße eingingen, jedoch nicht überleben können und von daher wäre auch das plancksche Strahlungsgesetz nur als Grenzfall zu verstehen. Diese Aussichten sind für die hier dargelegten historischen Betrachtungen nicht von Belang. Von daher soll dieses Fass hier auch gar nicht erst aufgemacht werden [siehe dazu E 117 bzw. 228].

einer turnusmäßigen Sitzung der Deutschen Physikalischen Gesellschaft in Berlin gehalten hatte, als „Geburtsstunde (sic!) der Quantentheorie" [Ingold 2008, 16] gefeiert.

Bis die eingangs noch „rein formale" Annahme Plancks schließlich als konzeptioneller Durchbruch verstanden und auch als solcher gefeiert werden sollte, mussten allerdings noch einige Jahre ins Land gehen.

6.2 Ein Entrepreneur

Das Jahr 1905 sah gleich zwei Quantenrevolutionen: Albert Einstein erklärte die „brownsche Bewegung"[27] mit der Existenz kleinster Stoffteilchen und den „Photoeffekt"[28] mit der Existenz kleinster Lichtteilchen. Dass er mit letzterem die plancksche Quantenhypothese erneuerte, wurde weder von ihm noch von irgendeinem anderen Mitglied der Gemeinde der Physiker so wahrgenommen.

---

27 Der schottische Botaniker Robert Brown beobachtete im Jahre 1827 unter dem Mikroskop, wie Pollen in einem Wassertropfen unregelmäßig zuckende Bewegungen machten. Albert Einstein konnte mit einer Gleichung für die mittlere quadratische Verschiebung (pro Zeiteinheit) einer solchen Bewegung den universellen Wert der Stoffelementarmenge nachweisen [E 167].

28 Reine Metalloberflächen geben im negativ geladenen Zustand Elektronen ab, wenn ihre Oberfläche mit Licht einer bestimmten Frequenz bestrahlt wird. An der Erklärung dieses „Photoeffekts" scheiterte die klassische Theorie des Elektromagnetismus, weil für den Effekt nicht (wie klassisch vorhergesagt) die Intensität des Lichts, sondern seine Frequenz entscheidend ist. Dagegen korrelierte Einsteins von Planck übernommener Ansatz „hν" für die Energie eines Lichtteilchens einwandfrei mit der kinetischen Energie der herausgeschlagenen Elektronen.

Die Stoffteilchen-Hypothese zur (statistischen) Erklärung der brownschen Bewegung vermochte zahlreiche Skeptiker – insbesondere Wilhelm Ostwald und Ernst Mach [Schilpp 1979, 18] – von der Realität der Atome zu überzeugen.

Der direkte Nachweis des Quantencharakters einer Stoffmenge gelang 1920 mit der Messung der Geschwindigkeiten einzelner Atome durch Otto Stern, wodurch ebenfalls die universelle Gültigkeit der avogadroschen Konstanten bzw. der Elementarmenge des Stoffs belegt wurde [E 168].

Dagegen sollte die Lichtteilchen-Hypothese von Planck und Einstein ihren Durchbruch erst 1922 erleben, nachdem Arthur Compton zeigen konnte, dass sich Röntgenlicht, das an Graphit gestreut wurde, wie ein Strom aus Teilchen verhält. Diese enorme zeitliche Verzögerung unterstreicht jedoch nur, wie unverstanden die ursprüngliche plancksche Quantenhypothese geblieben war, die ja selbst nichts anderes als die Existenz von Lichtteilchen voraussetzte und sich experimentell doch so glänzend bewährt hatte (nicht anders ja die einsteinsche Erklärung des Photoeffekts).

Das wohl stärkste Indiz, dass die tatsächliche Stoßrichtung der planckschen Quantenhypothese nicht vollends verstanden worden war, liefert uns Max Planck selbst: In seinem 1913 gestellten Antrag zur Aufnahme von Albert Einstein in die Preußische Akademie der Wissenschaften nahm er diesen dafür in Schutz, mit seiner Lichtquanten-Hypothese wohl „über das Ziel hinausgeschossen zu haben". Man dürfe ihm dies nicht allzu sehr anrechnen, denn „ohne einmal ein Risiko zu wagen, lässt sich auch in der exaktesten Wissenschaft keine wirkliche Neuerung einführen" [Pietschmann 2003, 18].

Ende 1906 legte Einstein schließlich auch noch eine (dann 1907 veröffentlichte) quantenhypothetische Erklärung vor für die systematische Abweichung, die die Wärmekapazität von Festkörpern bei tiefen Temperaturen gegenüber dem dulong-petitschen Gesetz aufwies.

Diese Erklärung beruhte auf der Annahme, dass sich die Schwingungsenergie der Bausteine eines Festkörpers nur in diskreten Beträgen ändern kann. Die Träger dieser „Energiepakete" wurden 1932 von Jakow Frenkel in Analogie zu den Schwingungsquanten des elektromagnetischen Feldes als „Phononen" bezeichnet. Einsteins Modell wurde 1912 von Peter Debye zu einer tragfähigen Theorie der spezifischen Wärme von Festkörpern ausgearbeitet.

6.3 Schlag auf Schlag

Die Zerlegbarkeit einer Stoffportion in Atome, also in unteilbare identische Stoffelementarmengen, legte es nahe, auch von der Quantisierung der Ladung auszugehen, zumal die faradayschen Gesetze der Elektrolyse (1834) schon immer einen entsprechenden Zusammenhang zwischen der Natur des Stoffs und der von elektrischer Ladung nahegelegt hatten [E 180].

So unternahm Robert Millikan 1910 seine „Öltröpfchenversuche"[29] mit dem erklärten Ziel, die Existenz elektrischer Elementarladungen direkt nachzuweisen. Ähnlich wie bei der brownschen Bewegung wurde die Quantisie-

---

29 Robert Millikan maß die Steig- bzw. Sinkgeschwindigkeit elektrisch geladener Öltröpfchen, die in das ein- und ausgeschaltete elektrische Feld eines Kondensators geleitet wurden, und konnte so nachweisen, dass die jeweilige Ladung der Öltröpfchen ein ganzzahliges Vielfaches einer gewissen Elementarladung betragen müsse.

rung einer Größe hier nicht durch einen experimentellen Befund erzwungen. Vielmehr wurde nach einem Beleg gesucht, um die vermutete Quantisierung nachweisen zu können.

Mit der wohl folgenschwersten Quantenhypothese wartete Niels Bohr 1913 auf. Er leitete die schon länger bekannte Systematik in den Linien des Absorptionsspektrums von Wasserstoffgas (Balmer 1885) aus einer Quantisierung des Bahndrehimpulses ab, den das Elektron des Wasserstoffatoms innehat. Im diametralen Gegensatz zu den Grundgesetzen der klassischen Elektrodynamik sollten die so ausgezeichneten Elektronenbahnen stabil sein.

Entsprechend wurde diese Quantenhypothese anfangs von vielen als ein Schlag ins Gesicht empfunden. Max von Laue reagierte so: „Das ist Unsinn. Die maxwellschen Gleichungen gelten unter allen Umständen, ein Elektron auf Kreisbahn muss strahlen" [Simonyi ³2001, 437]. Doch die Übereinstimmung zwischen experimentellem Befund und der quantentheoretischen Vorhersage war zu signifikant, um sie einfach beiseite schieben zu können.

Tatsächlich avancierte das bohrsche Atommodell sehr rasch zum Ausgangspunkt aller weiteren theoretischen Überlegungen über den Bauplan der Atome, der sich immer detaillierter aus atomaren und molekularen Spektren ableiten lassen sollte.

Bohr hatte nicht nur die Quantisierung des Bahndrehimpulses eines Bindungselektrons postuliert, sondern mit seinem 2. Postulat auch die Quantisierung des Lichts: Der Übergang zwischen zwei stabilen Bahnen müsse mit der Emission bzw. Absorption eines Lichtquants[30] einhergehen. Dies macht einmal mehr deutlich, dass die Lichtquantenhypothese auch 13 Jahre nach ihrem so überaus erfolgreichen Einstand immer noch nicht im Gebäude der Physik angekommen war.

Die Quantisierung des Eigendrehimpulses der Elementarteilchen, ihres „Spins", bildete den Höhepunkt und vorläufigen Endpunkt der Quantisierungswelle, die zu Beginn des zwanzigsten Jahrhunderts die physikalischen Mengengrößen erfasst oder überhaupt erst hervorgebracht hatte.

Der Stern-Gerlach-Versuch[31] erbrachte einen experimentellen Befund, der sich jeder klassischen Deutung entzog, in deren Rahmen physikalischen Größen ein kontinuierlicher Wertevorrat zusteht. Das Ergebnis dieses Versuchs ließ sich erst ableiten, nachdem der Wertevorrat des Eigendrehimpulses für das Bindungselektron von Silber (5s-Elektron) auf „Spin Down" und „Spin Up" beschränkt wurde.

---

30 Der damit verbundene Massendefekt des Atoms bzw. Moleküls legt es nahe, dass dies mit der Absorption bzw. Emission von Quanten des Gravitationsfeldes verbunden sein sollte [E 165].

31 Beim Stern-Gerlach-Versuch durchläuft ein Strahl aus Silberatomen ein inhomogenes Magnetfeld und erzeugt auf einem Schirm nicht den klassisch erwarteten zusammenhängenden, sondern zwei voneinander getrennte „Silberflecken". Dieses Phänomen konnte nur durch die Richtungsquantelung des Eigendrehimpulses des Bindungselektrons eines Silber-Atoms erklärt werden.

Die zentrale Rolle des Spins innerhalb von Physik und Chemie spiegelt sich im Pauli-Prinzip[32] wieder, das z.B. von fundamentaler Bedeutung für das Verständnis der chemischen Bindung ist.

6.4 Entropiequanten

Im Kontext des konventionellen Verständnisses der Wärmelehre mag die Frage, warum die Entropie von der Quantenrevolution verschont geblieben ist, ungewöhnlich oder sogar illegitim erscheinen. Doch sie verlangt eine stichhaltige Antwort, weil es sich bei den (bereits) quantisierten Größen und bei der Entropie gleichermaßen um sogenannte „physikalische Mengengrößen" handelt, d.h. um Größen, deren Wert sich jeweils mit dem Ausmaß des Systems ändert [E 156].

Was an der Entropie sollte anders sein als bei den „Anderen"? Oder was hat verhindert, dass diese Frage überhaupt gestellt wurde? Hier lassen sich verschiedene Antworten entwickeln.

Zum Beispiel wird selbst im Rahmen dieser kurzen Geschichte der Quantenrevolution deutlich, dass sich mit der Entdeckung der Elementarteilchen ein völlig neues Forschungsgebiet auftat, nämlich die Atom- und Kernphysik. Und hier scheint Wärme im herkömmlichen Sinne keine Rolle zu spielen, weswegen die Entropie offenbar auch nicht ins Visier der Quantentheorie geraten konnte.

---

32 Das Pauli-Prinzip besagt, dass gleich lokalisierte Fermionen – also insbesondere Elektronen und Quarks – nicht in allen Quantenzahlen übereinstimmen können. Dies ist mit dem differenzierten Aufbau von Atomen bzw. Molekülen verbunden.

Ohnehin hatte man sich mit dem Konsens, dass Wärme nichts anderes sei als die kinetische Energie aus der ungeordneten Bewegung von Atomen oder Molekülen [E 197], den Weg für eine Suche nach den Quanten der Entropie allein von der Anschauung her gründlich verbaut.

Weiterhin hatte sich die statistische Interpretation der Entropie schon längst durchgesetzt, als die Quantenrevolution jenes Stadium erreicht hatte, in dem man aus der anfänglichen Not bereits eine Kardinaltugend der Physik gemacht hatte und bereit war, „Alles und Jedes" als aus Quanten zusammengesetzt zu denken. Warum sollte sich eine Größe, die für etwas so Abstraktes wie die Unordnung eines Systems stand, auf eine (homogene) Ansammlung letzten Endes substanzieller Quanten zurückführen lassen?

Eine gewisse Rolle spielte vielleicht auch der Reflex, sich gegenüber all jenen „mittelalterlichen" Theorien abgrenzen zu müssen, die einen Substanzcharakter der Wärme vorausgesetzt hatten, dabei in unauflösbare Widersprüche mit bestimmten experimentellen Ergebnissen gekommen waren und deswegen – nicht zuletzt in Konkurrenz zu konsequent erfolgreichen „modernen" Ansätzen – aufgegeben werden mussten.

Entsprechende Stichworte sind: „Phlogiston- vs. Oxidationstheorie" [E 36] bzw. „Kalorische vs. mechanische Theorie der Wärme" [E 37]. Nach den Quanten der Entropie zu fragen, hätte durchaus den Vorwurf des Revisionismus nach sich ziehen können.

Nicht zuletzt muss auch berücksichtigt werden, dass die Wärmelehre von den meisten Physikern als ausgesprochen unanschauliche Theorie wahrgenommen wird, die

Abbildung 6.2: Während erste und vierte Gewalt im Staate der Entropie ihren tiefempfundenen Respekt erweisen, wirkt der Physikstudent noch etwas unentschlossen ...

sich entweder erfolgreich meiden lässt oder in ihrer Abstraktheit (um das Wort „Unverständlichkeit" zu vermeiden) hingenommen werden muss. Der Drang, dem Lehrgebäude der Wärmelehre ein befriedigendes Maß an Verständlichkeit und Anschaulichkeit abzuringen (zum Beispiel durch einheitliche Definitions-Ansätze für die physikalischen Mengengrößen!) ist entsprechend wenig ausgeprägt.

7. Quantennatur der Entropie

7.1 Plancks Quanten

Unter Physikern besteht die einhellige Meinung, dass Planck die Energie quantisiert bzw. „diskretisiert" [Ehlotzky 2004, 2] habe: Elektromagnetische Strahlung würde in „Energiepaketen" absorbiert oder emittiert [Schwister ³2008, 27]. Selbst Einstein sprach von „diskreten Energie-Elementen" [1917, 121], aus denen sich die elektromagnetische Strahlung zusammensetzen würde.

Diese Interpretation ist physikalisch gesehen jedoch haltlos. Tatsächlich tritt Energie nur dann „quantisiert" d.h. mit diskreten Werten auf, wenn die Größe, aus der sie sich ableitet, quantisiert ist. So drückt sich der Wechsel eines Bindungselektrons zwischen zwei Bahnen letztlich nur deswegen in diskreten Emissions- bzw. Absorptionslinien eines Spektrums aus, weil dessen Bahndrehimpuls quantisiert ist. Und ein kontinuierliches Spektrum kommt dann zustande, wenn sich die zugrundeliegende Größe in beliebigem Maße ändern kann, wie es beispielsweise beim Impuls ungebundener Teilchen offenbar der Fall ist.

Wäre die Energie selbst eine quantisierte Größe, so müssten sich auch entsprechende Quanten bzw. Elementarteilchen nachweisen lassen, die jeweils die Elementarmenge der Energie repräsentierten. Dafür gibt es jedoch keinerlei Anzeichen. Die Wärmelehre errechnet die Energie eines Systems ja auch nicht aus der Anzahl von „Energieteilchen", sondern bezieht sie auf sein Inventar an „substanziellen" physikalischen Mengen bzw. auf *deren* Quanten [E 57].

Der Konsens über die vermeintliche Stoßrichtung der planckschen Quantenhypothese, nämlich auf die Energie gerichtet zu sein, ist schon deswegen unverständlich, weil ausgerechnet der experimentelle Befund zur Hohlraumstrahlung ja „Energiepakete" beliebigen Ausmaßes anzeigt. Von diskreten Eigenwerten der Energie kann gerade hier also gar keine Rede sein.

Wenn die plancksche Quantenhypothese also nicht der Energie galt, an welche physikalische Größe richtete sie sich stattdessen? Diese Frage muss folgendermaßen beantwortet werden:

- Indem Planck das Modell des Strahlungskontinuums aufgab und dafür eine begrenzte Menge an Trägern von Lichtenergie postulierte, formulierte er eine Quantisierungsbedingung an die physikalische Menge „Licht".

Damit stellte Planck Licht auf dieselbe Stufe wie Ladung, Stoff sowie den Bahn- und Eigendrehimpuls von Elementarteilchen: „Licht" bezeichnet eine physikalische Menge, die sich aus einer Anzahl entsprechender Elementarteilchen – hier den Photonen – zusammensetzt und sich auch entsprechend berechnen lassen muss, nämlich als Vielfaches einer Lichtelementarmenge.

Dass der Begriff „Lichtelementarmenge" noch nie gefallen ist, darf als klares Indiz gewertet werden, dass die Geburt der physikalischen Menge „Licht" vor nunmehr 110 Jahren an den Physikern komplett vorbeigegangen ist.

7.2 Entropie- und Lichtquantendichte

Obwohl sich die Quantisierungsbedingung Plancks also eindeutig an Licht richtete, kommt deren Menge in der Wärmelehre, die sämtliche physikalischen Mengengrößen nach einem einheitlichen Schema zu behandeln hat [E 57], definitiv nicht vor.

Zu dieser Verwunderung passt natürlich die bereits virulente Verwunderung, dass im Kanon quantisierter physikalischer Mengengrößen ausgerechnet diejenige Größe fehlt, die das Wesen der Wärmelehre bestimmt, nämlich die Entropie. Eine denkbar einfache Auflösung erführe diese „Doppelverwunderung", sollte sich am Ende herausstellen, dass Entropie- und Lichtmenge identisch sind.

Die in Tabelle 2 aufgeführten Größen – Menge, Elementarmenge und Anzahl – stehen für ein gewisses universelles Schema, nach dem sich eine jede physikalische Menge M als Produkt aus der Anzahl N der enthaltenen Quanten und der jeweiligen Elementarmenge k darstellen lässt (wobei es sein kann, dass sich alles zu Null addiert, obwohl die einzelne Quanten jeweils einen endlichen Beitrag liefern; davon kündet auch das häufiger auftretende ±-Zeichen vor der Anzahl in Tabelle 2):

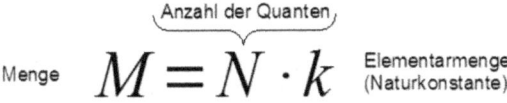

Dabei sind die Elementarmengen als Naturkonstanten aufzufassen, was für das plancksche Wirkungsquantum h (als Elementarmenge des Drehimpulses) und die Elementarladung e (als Elementarmenge der elektrischen

Ladung) geläufig ist, für die weniger vertraute Stoffelementarmenge k_A (also für den Kehrwert der avogadroschen Konstante [E 170]) aber ebenso gelten muss.

Während die Photonendichte („Anzahl" an Photonen je Volumeneinheit) eines Systems als physikalisch sinnvolle Größe gilt – und zum Beispiel bei Hohlraumstrahlung gemäß Gleichung (11) auch modellhaft berechnet werden kann –, wurde weder die Menge σ noch die Elementarmenge k_P von Licht systematisch untersucht.

Umgekehrt beschäftigt sich die Wärmelehre natürlich mit der Entropiemenge S eines Systems, ohne aber etwas zur Elementarmenge k_C der Entropie bzw. der Anzahl N ihrer Quanten sagen zu können (bzw. sich dazu veranlasst zu sehen).

Mengengröße	*Menge*	*Elementarmenge*	*Anzahl*
Spin	s	$\hbar$	$\pm 1/2$
Stoff	n	k_A	N
Bahndrehimpuls	L	$\hbar$	$\pm N$
Ladung	Q	e	$\pm N$
Licht	σ	k_P	N
Entropie	S	k_C	N

Tabelle 2: Zusammenstellung quantisierter Mengengrößen mit ihren jeweiligen Elementarmengen. Die Indizes an den Elementarmengen für Stoff, Licht und Entropie beziehen sich aus historischen Gründen auf Avogadro, Planck bzw. Clausius (oder auch Carnot, je nach Vorliebe). Die Größen in den grau hinterlegten Bereichen haben bisher entweder kein Interesse erfahren oder wurden in ihrer Bedeutung gar nicht wahrgenommen.

In Anbetracht der Tatsache, dass Licht (als Ensemble von Photonen) einerseits ein selbstverständlicher – und für alle Umwandlungsvorgänge auch unverzichtbarer – Bestandteil jedes Systems der Wärmelehre ist, andererseits als Menge bei allen Bilanzen jedoch unberücksichtigt bleibt, muss logischerweise folgende Frage in den Raum gestellt werden:

- Handelt es sich bei der Entropiemenge tatsächlich um die Menge des Lichts?

Falls ja, dann wären die Quanten des Lichts mit denen der Entropie identisch und müsste das Verhältnis aus Entropiemenge und Photonenanzahl eines beliebigen Systems (wie immer man auch die Entropiemenge zu bestimmen vermag) stets denselben Wert ergeben. Als Naturkonstante repräsentierte dieser Wert die Elementarmenge des Lichts bzw. der Entropie.

Tatsächlich gibt es ein System, für das die universelle Konstanz des Verhältnisses aus Entropie- und Photonendichte schon längst nachgewiesen wurde, ohne dass diese Tatsache ein kritisches Maß an Aufmerksamkeit hervorgerufen hätte. Dabei handelt es sich um dasselbe System, dessen Charakteristik einst die Quantenrevolution der Physik ausgelöst hatte, nämlich um „Hohlraumstrahlung".

7.3 Vollendung der planckschen Quantenrevolution

Aus dem planckschen Strahlungsgesetz für die spektrale Energiedichte von Hohlraumstrahlung kann die damit verbundene Photonendichte $N(T)$ direkt abgeleitet werden [E 223]. Damit lässt sich berechnen, wie viele

Lichtteilchen sich bei einer bestimmten Temperatur in dem Hohlraum befinden. Dabei wächst die Anzahl der Lichtteilchen (je Volumeneinheit) mit T^3:

$$N(T) = \frac{16\pi \cdot \zeta(3) \cdot k_B^3}{h^3 \cdot c^3} \cdot T^3 \tag{11}$$

Die Ähnlichkeit zum Stefan-Boltzmann-Gesetz, welches die gesamte Strahlungsleistung eines schwarzen Körpers in einer T^4-Abhängigkeit beschreibt, ist dabei kein Zufall.

Bereits im Jahre 1884 hatte Ludwig Boltzmann die Entropiedichte $s(T)$ der Hohlraumstrahlung berechnet und damit eine „wahre Perle der theoretischen Physik" [E 221] erschaffen. Diese Entropiedichte der Hohlraumstrahlung wächst nun ebenfalls mit T^3:

$$s(T) = \frac{32\pi^5 \cdot k_B^4}{45 \cdot h^3 \cdot c^3} \cdot T^3 \tag{12}$$

Daher ergibt sich das Verhältnis[33] aus Entropie- und Photonendichte der Hohlraumstrahlung als Naturkonstante, nämlich als ein gewisses Vielfaches der boltzmannschen Konstanten k_B:

$$k_C = \frac{s(T)}{N(T)} = \frac{2\pi^4}{45 \cdot \zeta(3)} \cdot k_B = 3{,}601576 \cdot k_B \tag{13}$$

Dass gerade die boltzmannsche Konstante in die Elementarmenge der Entropie eingeht, ist am Ende keine riesengroße Überraschung. Schließlich sind die Einhei-

---

[33] Das setzt voraus, dass das thermische Potential der Hohlraumstrahlung als Gastemperatur angesetzt werden darf und von daher selbst nur einen Grenzfall darstellen kann. Siehe auch die Fußnote 26 in Kapitel 6.1.

ten von boltzmannscher Konstante und Entropie identisch, weswegen erstere ohnehin als Kandidat für die Entropieelementarmenge[34] in Frage gekommen wäre [E 224].

Sollte die gesuchte, über die Photonendichte bestimmbare Lichtmenge tatsächlich mit der bereits bekannten, als unmessbar geltenden Entropiemenge identisch sein, so würde im wahrsten Sinne des Wortes ganz neues Licht auf die Entropie als dem „Wärmestoff"[35] der Physik fallen. Auch die Entropie ließe sich nunmehr grundsätzlich an jedem Zustand bestimmen, nämlich ebenfalls aus der Anzahl der im System enthaltenen Photonen bzw. Lichtteilchen.

Das thermodynamische Modell der Hohlraumstrahlung bezieht sich dabei keineswegs auf „reines Licht". Es bezieht sich vielmehr auf jedes System, dessen Inventar (ausschließlich) in den Mengengrößen Licht und Impuls veränderlich ist, wobei der Impuls von Licht(teilchen) getragen sein muss. Mithin kann das System (rein gegenständlich betrachtet) auch Stoff enthalten, solange

---

34 In seiner Abhandlung „Was ist eigentlich Atomistik? Oder: die physikalische Größe ›Menge‹" deutete Gottfried Falk an [1978, 7], dass die Entropie zu den universell quantisierten Größen mit der boltzmannschen Konstante als Elementarmenge zu rechnen wäre, vertröstete seine Leser jedoch auf eine gesonderte Untersuchung zu diesem Thema, die mir bisher jedoch nicht bekannt geworden ist. Wundern würde es mich nicht, wenn Gottfried Falk die hier dargelegten Überlegungen selbst angestellt hätte, da er den Erhaltungs- und Umwandlungseigenschaften physikalischer Mengengrößen große Aufmerksamkeit schenkte.

35 Es ist nicht ohne Ironie, dass die als „mittelalterlich" empfundenen und letztlich überwunden geglaubten Wärmestofftheorien im Hinblick auf ihre Unterstellung, dass Wärme eine Substanz sei (Phlogiston, Caloricum), zu rehabilitieren sein werden.

Abbildung 7.1: Beim Bau des neuen Rathauses von Schilda wurden die Fenster vergessen. Der Versuch es taghell zu machen, indem man Licht wie Wasser mit Eimern in das Rathaus trug, schlug nur fehl, weil man vergessen hatte, die Entropiedichte in den Eimern zu optimieren, etwa durch eine angemessene Temperierung ihrer Wandungen. Über Absorptions- und Reflexionseigenschaften der Zimmerwandungen für Licht hätte man sich allerdings auch einige Gedanken machen müssen.

sich weder dessen Menge noch die Menge des Impulses ändert, der von Stoff(teilchen) getragen wird. Zum Beispiel darf die Hohlraumwandung, die mit der Strahlung wechselwirkt, zum System hinzugezählt werden, solange Übergänge zwischen den Anregungszuständen der Hohlraumwandungs-Elemente nur auf der Umverteilung des Drehimpulses der gebundenen Elektronen beruhen [E 165].

Die spektrale Energiedichte der Hohlraumstrahlung konnte von Albert Einstein schließlich auch durch ein Quantenmodell der Wechselwirkung zwischen Materie und Strahlung abgeleitet werden [Einstein 1916]. Damit wies er letztlich auch einen Weg, wie die Entropie eines Systems zukünftig modellhaft bestimmt werden kann. Andererseits werden natürlich verfeinerte Methoden zur Messung der Photonendichte eines Systems benötigt, um die Entropie eines Systems direkt messen zu können.

7.4 Konsequenzen

Das thermische Pensum beziffert also in letzter Konsequenz die Änderung der Energie der enthaltenen Photonen, die sich wiederum aus der Änderung ihrer spektralen Verteilungsdichte bzw. ihrer spektralen Impulsdichte ableitet. Die kinetische Energie der ruhemassebehafteten Teilchen des Systems steht damit zwar im engen Zusammenhang, doch bildet sich ihre Änderung im mechanischen Pensum ab.

Da die Elementarteilchen des Lichts, die Photonen, innerhalb eines Systems permanent durch Absorption vernichtet bzw. durch Emission erzeugt werden, liegt die Vermutung nahe, dass sich die (mittlere) Anzahl von Photonen eines Systems verringern bzw. erhöhen lässt, ohne dass dieses dafür Licht bzw. „Wärme" austauschen muss. Sollte diese Vermutung zutreffen, dann darf die Entropie nicht mehr wie bisher als Erhaltungsgröße behandelt werden.

Da die Standard-Definition der Entropie mit der Annahme steht oder fällt, dass sich Entropie „reversibel" weder erzeugen noch vernichten lässt [E 255], müsste sie

Abbildung 7.2: *Perpetuum mobile* zweiter Art

Das Bild zeigt das „Energieflussdiagramm" eines *Perpetuum mobile* zweiter Art, das durch zwei gegenläufig arbeitende carnotsche Maschinen realisiert wird, die unterschiedliche Wirkungsgrade aufweisen. Arbeitet die Maschine mit dem niedrigeren Wirkungsgrad als Wärmepumpe, so ließe sich der „Arbeitsgewinn" W_C mit Hilfe eines „Wärmezuschusses" Q *ohne* Zustandsänderung des Wärme-Reservoirs mit der niedrigeren Temperatur T_2 erzielen. Auf diesem Wege ließe sich Wärme vollständig in Arbeit verwandeln, ohne wie üblich auf ein Temperaturgefälle angewiesen zu sein, das (etwa durch Verbrennung) aufrechterhalten werden muss.

In realiter gibt es keine isothermen Entropie-Reservoire, d.h. Wärme-Reservoire, die bei konstanter Temperatur Entropie austauschen können, ohne dafür Ströme weiterer Mengensorten zu benötigen und ohne dass weitere (dann ebenfalls zu bilanzierende) Pensa aufgrund entsprechender Inventaränderungen in ihnen anfallen. Diese Konstruktion demonstriert allenfalls die Folgen unreflektierten Umgangs mit physikalischen Theorien.

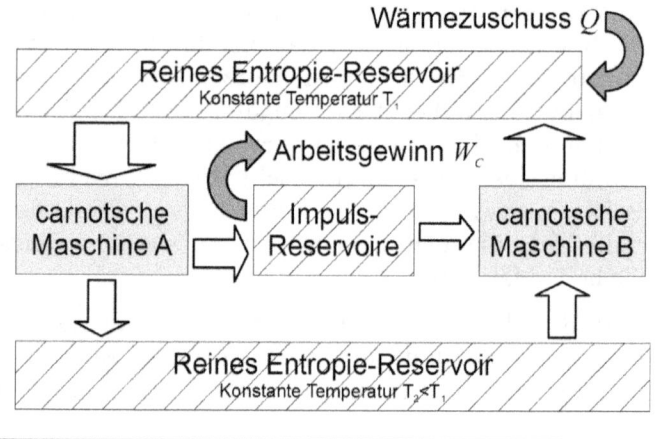

dann einem allgemeineren Ansatz weichen. Dementsprechend mutierte das thermische Potential der Wärmelehre, welches bisher universell mit der Gastemperatur T identisch zu sein hatte, zu einer systemspezifischen Funktion τ. Davon wäre dann automatisch auch der Faktor $1/k_B T$ in der Boltzmanverteilung betreffen, da dieser direkt aus dem thermischen Potential abgeleitet wird (nämlich durch einen Vergleich zwischen phänomenologischer und statistischer Entropie [E 288]).

Wenn das thermische Potential doch eine systemspezifische Funktion ist, dann entfiele damit auch eine entscheidende Randbedingung für die Konstruktion von Wärmekraftmaschinen: Die direkte theoretische Begrenzung ihres thermischen Wirkungsgrades durch die Temperaturen der beiden Wärmeübertrager, die für ihren Betrieb benötigt werden [E 18].

Mit anderen Worten: Rein theoretisch sollte es dann möglich sein, selbst Niedertemperaturwärme mit ökonomisch interessantem, hohem Wirkungsgrad in nutzbare Energie zu verwandeln – eine nicht unbedeutende Möglichkeit zur Steigerung der Energieeffizienz, wie sie auch von höchster politischer Stelle als Beitrag zur Sicherung der zukünftigen Energieversorgung gefordert wird [BMWI/BMU 2010, 11].

Damit aber nicht genug, denn es steht nunmehr auch im Raum, dass die Konstruktion eines *Perpetuum mobile* zweiter[36] Art möglich wäre. Schließlich hat bislang

---

36 Eine „normale" Wärmekraftmaschine benötigt zwei Wärme-Reservoire, um mechanische Arbeit leisten zu können – eines um Wärme (bei hoher Temperatur) zu empfangen und eines um diese (bei niedrigerer Temperatur) abgeben zu können. Ein *Perpetuum mobile* zweiter Art dagegen leistet mechanische Arbeit, indem es lediglich einem Reservoir Wärme entzieht. Weil dieses

die Standard-Definition der Entropie dafür garantieren müssen, dass es ein reines Gedankenexperiment bleiben muss und niemals realisierbar sein würde. Ist diese Definition umgekehrt nicht mehr gewährleistet, dann scheint die Logik zu gebieten, dass die Konstruierbarkeit eines *Perpetuum mobile* zweiter Art nicht mehr ausgeschlossen werden kann.

Doch so einfach ist die Sache (leider) nicht, denn es muss auch ein Preis für die Erkenntnis, dass eine Theorie fehlerhaft bzw. zu einschränkend formuliert ist, entrichtet werden: Deren Schlussfolgerungen – und seien sie noch so verlockend – können nicht mehr ohne weiteres in Anspruch genommen werden (Abbildung 7.2). Deshalb wird uns die Vision vom *Perpetuum mobile* zweiter Art möglicherweise in dem Moment aus den Händen gleiten, in dem wir die Fehlerhaftigkeit derjenigen Theorie erkennen, die sie hervorgebracht hat (wenn auch nur zu dem einzigen Zweck, diese Vision mit Abscheu belegen zu können).

Dieser bedauerliche Verlust wird voraussichtlich durch ein tieferes Verständnis der Substanz von Wärme bzw. dem „Stoff", aus dem sie erwächst, wettgemacht. Eine Physik der Lichtkraftmaschinen, die die bisherige Physik der Wärmekraftmaschinen als Grenzfall beinhaltet, wird dann nicht lange auch sich warten lassen.

---

grundsätzlich eine beliebige Temperatur haben kann, würde es ohne Einsatz von Primärenergie, nur unter Ausnutzung der Umgebungswärme wirken können.

8. Das Ende des „Zweiten Hauptsatzes"

Zum Abschluss betrachten wir den „Zweiten Hauptsatz" der Wärmelehre, dem soviel Huldigung entgegengebracht wird und der für die zentrale Herausforderung an die Wärmelehre – die Substanz zu erkennen, aus der „Wärme" hervorgeht – doch keinen Erkenntnisgewinn beisteuern kann.

8.1 Bedeutung

Die Physik leitet die als nötig erachtete Entropie-Definition nicht etwa aus dem „Zweiten Hauptsatz" ab. Diese erwächst vielmehr – entsprechend Gleichung (10) – aus folgender „Elementarannahme" [E 252]:

- Der thermische Wirkungsgrad einer carnotschen Wärmekraftmaschine ist von den Eigenschaften ihres Arbeitsstoffs unabhängig.

Da sich dieser Satz nicht von selbst versteht (und mehr ist in diesem Zusammenhang auch nicht wichtig), muss er aus einem anderen wahren Satz abgeleitet werden. Einzig diese Aufgabe wird dem „Zweiten Hauptsatz" im Rahmen der Physik aufgebürdet, der da lautet (in einer von mehreren Fassungen) [E 259]:

- Es ist unmöglich eine zyklisch arbeitende Maschine zu konstruieren, deren einzige Wirkung darin besteht, ein Wärme-Reservoir abzukühlen und ein anderes zu erwärmen.

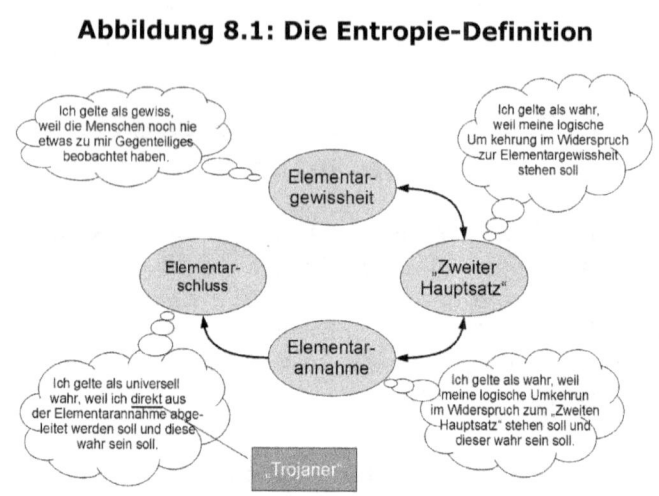

Abbildung 8.1: Die Entropie-Definition

Ließe sich die Wahrheit des „Zweiten Hauptsatzes" aus der „Elementargewissheit" ableiten und daraufhin zugunsten der Wahrheit der „Elementarnahme" ausnutzen, dann wäre eine notwendige Voraussetzung erfüllt, um die Identität zwischen thermischem Potential und Gastemperatur als „Elementarschluss" ableiten zu können. Die Formulierung, dass der „Elementarschluss" *direkt* aus der „Elementarannahme" abzuleiten sei, weist jedoch auf zwei „Trojaner" hin, die den Standard-Beweis von Beginn an befallen haben.

Während die Qualität dieser Ableitung nicht betroffen wäre, bezöge man weitere *universell wahre* Annahmen in den Beweis ein, so geht die uneingeschränkte Gültigkeit der Entropie-Definition jedoch in dem Moment unwiderruflich verloren, in dem der Standard-Beweis auf eine voraussichtlich falsche (Entropie ist radikal separierbar) und eine unnötig einschränkende Annahme (Entropie ist Erhaltungsgröße) gestützt wird (siehe Abbildung 8.2).

Auch dieser Satz versteht sich nicht eben von selbst, weshalb auch er aus einem anderen wahren Satz abgeleitet werden muss. In diesem Fall geht es endlich um einen Satz, der sich von selbst versteht, nämlich um folgende „Elementargewissheit" [E 260]:

- Wärme fließt von allein stets von einem wärmeren zu einem kälteren Reservoir.

In physikalischer Hinsicht kann diesem Satz allerdings keine Evidenz zugebilligt werden, da das physikalische Objekt „Wärme" seine Definition ja erst noch bekommen soll.

Der Weg zur Entropie-Definition ist offenbar ziemlich komplex (siehe Abbildung 8.1):

- Zuerst muss sich die Wahrheit des (keineswegs evidenten) „Zweiten Hauptsatzes" mit Hilfe der (in gewisser Hinsicht evidenten) „Elementargewissheit" erweisen.
- War das erfolgreich, dann muss sich in einem nächsten Schritt die Wahrheit der (keineswegs evidenteren) „Elementarannahme" mit Hilfe des „Zweiten Hauptsatzes" ableiten lassen.
- Und erst wenn dem Erfolg beschieden war, kann in einem letzten Schritt versucht werden, eine universelle Entropie-Definition aus der „Elementarannahme" abzuleiten.

Bislang haben wir nur diesen letzten Schritt untersucht: Im Ergebnis muss die „Elementarannahme" durch zusätzliche Annahmen flankiert werden, um die gewünschte Ableitung der Entropie-Definition überhaupt erst möglich zu machen.

Abbildung 8.2: Das Scheitern der konventionellen Entropie-Definition

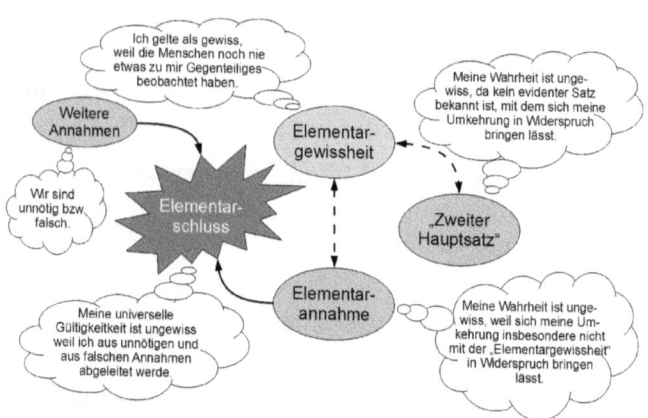

Die konventionelle Entropie-Definition scheitert aus mehreren Gründen. Einer davon besteht darin, dass sich der „Zweite Hauptsatz" nicht bewahrheiten lässt. Dies hat unmittelbar zur Folge, dass die „Elementarannahme" (über die Stoffunabhängigkeit des carnotschen Wirkungsgrad) logisch in der Luft hängt.

Selbst wenn die „Elementarannahme" wahr sein sollte, so ist das aus folgendem Grund nicht hinreichend für die gewünschte Entropie-Definition: Bei der Ableitung des thermischen Potentials als Gastemperatur fließen zwei Annahmen ein, die die Gültigkeit der Entropie-Definition auf Systeme einschränken würde, denen a) Entropie folgenlos entzogen werden kann und in denen sich b) Entropie wie eine Erhaltungsgröße verhält.

Das sind jedoch keine Bedingungen, die als universell gültig angenommen werden können, weswegen die herkömmliche Entropie-Definition als gescheitert zu betrachten ist.

Unter „ökonomischen" Aspekten war diese Vorgehensweise völlig angemessen, da es sich bei diesen zusätzlichen Annahmen um zweifelhafte bzw. unbewiesene sowie unnötige Prämissen handelt.

Somit ist das ursprüngliche Ziel der Physik, die universelle Gültigkeit der Identität zwischen thermischem Potential τ und Temperaturfunktion T des Idealen Gases zu beweisen, ohnehin außer Reichweite geraten. Mit anderen Worten: Ob die „Elementarannahme" aus dem „Zweiten Hauptsatz" nun als bedingungslos wahr, als bedingt wahr oder sogar als falsch erwächst, oder ob am Ende sogar überhaupt kein logischer Schluss möglich sein sollte, das spielt angesichts dieses Scheiterns keine Rolle mehr (Abbildung 8.2).

Mithin spielt der „Zweite Hauptsatz" eine weitaus unbedeutendere Rolle, als ihm normalerweise zugeschrieben wird – würde er doch selbst dann, wenn eine korrekte Ableitung der „Elementarannahme" möglich wäre, keinen entscheidenden Beitrag mehr für die Erreichung des eigentlichen Zieles leisten können.

Nichtsdestotrotz nehmen wir ihn abschließend unter die Lupe. Von der Not befreit, dem „Zweiten Hauptsatz" jenen entscheidenden Beitrag zur Entropie-Definition abringen zu müssen, kann seine Unbrauchbarkeit für die Wärmelehre mühelos erkannt werden.

8.2 Verifizierbarkeit

Der „Zweite Hauptsatz" scheint evident zu sein, weil der von ihm beschriebene Vorgang entweder wie die Umkehrung eines natürlichen Temperaturausgleichs (siehe seine Fassung in Kapitel 8.1) oder wie die Umkehrung eines Reibungsvorgangs[37] klingt, so oder so also einen (gewiss) unmöglichen Vorgang zu beschreiben scheint. Möchte man den „Zweiten Hauptsatz" jedoch im Kontext der Wärmelehre zur Anwendung bringen, so muss ein von ihm beschriebener Vorgang zwingend als „reversibler"[38] mithin umkehrbarer Prozess verstanden werden.

Das kostet den „Zweiten Hauptsatz" allerdings sofort seine Evidenz: Da der Vorgang in umgekehrter Richtung logischerweise wieder in die Nähe eines natürlichen Vorgangs rückt, klingt er eben auch nicht mehr „unmöglich". Tatsächlich handelt es sich auch gar nicht um einen umkehrbaren Vorgang, sondern um eine Zustandsfolge neutralen Charakters, für deren Nichtexistenz ein physikalischer Grund erst noch gefunden werden müsste. Ohne Bezug auf etwas evident Unmögliches kann dem „Zweiten Hauptsatz" im Rahmen der Wärmelehre jedoch keinerlei Bedeutung zuwachsen.

Dass dieser in einem Absatz beschreibbare Umstand noch nie zum Stein des Anstoßes geworden ist (und das nicht einmal bei irgendeinem frustrierten Physik-Studenten ...), bedarf einer gesonderten Erklärung. Respekt vor den ehernen Fundamenten der Wärmelehre und eine gewisse Arroganz der „Wissenden" werden dabei gleichermaßen eine Rolle spielen.

---

[37] Wenn es darum geht, eine bestimmte Entropiemenge zur Freisetzung eines Impulses zu nutzen.

[38] Ein „reversibler Prozess" ist die geläufige, jedoch irreführende Bezeichnung für eine Menge zusammenhängender Gleichgewichtszustände bzw. für eine „prozessuale Zustandsmenge" [E 149], die grundsätzlich auch „irreversibel" auseinander hervorgehen können.

Um seinen Einsatz zugunsten der Entropie-Definition dennoch sicherzustellen, ließe sich die Wahrheit des „Zweiten Hauptsatzes" noch begründen, wenn er Gleichgewichtszustände beschriebe, die ebenso auch durch einen natürlichen Ausgleichsvorgang auseinander hervorgehen würden. Denn es wäre unsinnig zu verlangen, dass zwei Gleichgewichtszustände einmal für sich existieren, und einmal durch einen Ausgleichsvorgang auseinander hervorgehen können. Doch für die vom „Zweiten Hauptsatz" beschriebenen Zustände lassen sich keine spontanen Ausgleichsvorgänge finden, zumal sich diese einmal mehr auf reine Entropie-Reservoire beziehen [E 263].

Mit dem „Zweiten Hauptsatz" operiert das klassische Entropie-Konzept also mit einer Annahme, die zwar als selbstverständlich richtig gilt, die sich bei genauerem Hinsehen jedoch nicht nur als unbeweisbar, sondern sogar als unsinnig herausstellt. Ein schlechteres Zeugnis kann man einer Aussage, die ein physikalisches Prinzip hervorbringen soll, nicht ausstellen.

8.3 Entropieproduktion

Die essentielle Bedeutung des „Zweiten Hauptsatzes" für die Entropie-Definition verliert sich meist völlig im Schatten einer anderen, mit seiner Unterstützung abgeleiteten Schlussfolgerung, nach der die Entropie eines abgeschlossenen Systems nur zunehmen könne.

Während die klassische Entropie-Definition – logisch betrachtet – immerhin noch richtig sein *kann* (was für einen universellen Anspruch natürlich zu wenig wäre) und in weitreichenden Zusammenhängen ja offenbar auch richtig ist, beruht die Schlussfolgerung über die

Entropiezunahme auf einer Fehlinterpretation des abgeleiteten Formelwerkes und muss deshalb sogar als unsinnig bezeichnet werden. Der Grund hierfür ist vergleichsweise einfach herauszuarbeiten.

Die Formel, die der fraglichen Schlussfolgerung zugrunde liegt [E 252], vergleicht die Entropien zweier Gleichgewichtszustände eines Systems, die ohne Entropieaustausch mit der Umgebung – also „entropie-adiabat" – auseinander hervorgehen sollen:

$$S_B > S_A \qquad (14)$$

Während solche Entropiewerte klassischerweise natürlich gleich sein müssen (die Entropie wird ja als Erhaltungsgröße behandelt), ergeben sie sich hier aufgrund entsprechender Voraussetzungen als ungleich. Interpretiert wird dies, als würde die Entropie eines sich selbst überlassenen Systems immer dann zunehmen, wenn (unter Wärmeisolierung) noch eine Art Ausgleichsprozess innerhalb des Systems stattfinden würde [E 274].

Diese Interpretation ist falsch, weil es sich bei den beiden Zuständen mit den Entropien S_B bzw. S_A natürlich um Gleichgewichtszustände handelt, die sich definitionsgemäß nicht ändern, geschweige denn spontan ineinander übergehen würden. Vielmehr *muss* voraussetzungsgemäß ein „reversibler Prozess" existieren, der die beiden fraglichen Zustände miteinander verbindet. Präziser ausgedrückt: Es muss eine Menge zusammenhängender Gleichgewichtszustände existieren, in der die beiden fraglichen Zustände – mit je unterschiedlichem Entropieinventar – enthalten sind. Tatsächlich handelt es sich dabei um eine Zustandsmenge, für die das thermische Potential τ nicht mit der Gastemperatur T identisch sein kann [E 278].

Demgemäß hängt insbesondere die vielbeschworene Aussage in der Luft, dass die Entropie der Welt einem Maximum zustreben würde, da diesem Bild inhärent ist, dass sich die Welt „im Anfang" nicht in einem Gleichgewicht befunden habe (anderenfalls sie sich nicht hätte entwickeln können).

Mithin handelt es sich bei dem klassischen „Beweis", dass die Entropie eines thermisch isolierten Systems nur zunehmen könne, lediglich um eine knallharte Randbedingung an das thermische Potential eines Systems, das einem Mengenaustausch ausgesetzt ist, aufgrund dessen Entropie in ihm produziert wird [E 280].

Bisher war es der Wärmelehre versagt, dies als „reversiblen Prozess" zu behandeln, weil ihre Entropie ja sowohl ausdrücklich als auch implizit als Erhaltungsgröße auftritt. Folglich mussten entsprechende Zustandsfolgen als „irreversible Prozesse" aus dem eigentlichen Zuständigkeitsbereich der Wärmelehre ausgelagert werden. Muss die Entropie dagegen nicht als Erhaltungsgröße betrachtet werden, dann sind diejenigen Zustandsfolgen, die der Randbedingung thermischer Isolierung genügen und dabei ein unterschiedliches Entropieinventar beinhalten, nunmehr ebenfalls als „reversible Prozesse" zu behandeln.

Das klingt widersprüchlich, weil ein Vorgang, bei dem eine Flüssigkeit gerührt und dadurch erwärmt wird, natürlich „irreversibel" in dem Sinne ist, dass er sich ohne gewisse zusätzliche Maßnahmen nicht rückgängig machen lässt. Doch im besten Sinne kümmert das die Wärmelehre nicht, bildet sie doch lediglich eine systemspezifische Menge an Gleichgewichtszuständen, die der Flüssigkeit zur Verfügung stehen (genauer: die ein physikalisches Modell der Flüssigkeit bilden), auf einen solchen „realen" Prozess ab. Bei dieser Abbildung handelt es sich um eine Untermenge – an anderer Stelle auch „prozessuale Zustandsmenge" genannt [E 149] –, die von gewissen zusammenhängenden Gleichgewichtszuständen gebildet wird.

In der Wärmelehre werden solche prozessualen Zustandsmengen immer als „reversible Prozesse" bezeichnet. Durch diese Begriffswahl – die im Rahmen einer letztlich mechanistisch verstandenen Wärmetheorie leider ohne Alternative geblieben ist – wird natürlich die Frage provoziert, wie und wodurch diese Zustände auch durchlaufen werden. Für die „reine Lehre" der Wärme ist diese Frage irrelevant und kann von ihr auch gar nicht beantwortet werden.

In dem Moment, in dem die Entropie den Status einer Erhaltungsgröße verliert, kann es sich bei einer „entropie-adiabaten prozessualen Zustandsmenge" also selbstverständlich auch um eine Untermenge zusammenhängender Gleichgewichtszustände handeln, die durch unterschiedliche Entropieinventare ausgezeichnet sind.

8.4 Eine abschließende Überlegung

Mit einer Entropie, die keinem Erhaltungssatz genügt, werden also auch diejenigen Zustandsfolgen für die Wärmelehre relevant, deren Elemente *in realiter* durch unterschiedliche kompensatorische Maßnahmen auseinander hervorgehen würden. Dies widerspricht der gewohnten Vorstellung von einem „reversiblen Prozess". Ein Blick auf die physikalische Menge „Stoff" hilft uns, diesen scheinbaren Widerspruch besser zu verstehen.

Eine abschließende Überlegung

Beim Stoff kann man unterscheiden zwischen a) chemischen Gleichgewichten für gewisse Stoffkomponenten und b) Gemischen aus umwandlungsgehemmten Stoffkomponenten, wie sie zum Beispiel von Produkten einer „quantitativ abgelaufenen" chemischen Reaktion dargestellt werden.

Bei ersterem liegen Randbedingungen vor, unter denen sich das chemische Gleichgewicht und damit die chemische Zusammensetzung unmittelbar verschieben lässt: Jede noch so kleine Veränderung in den Randbedingungen führt zu einer Veränderung in der chemischen Zusammensetzung. Die Abfolge solcher Gleichgewichtszustände bildet einen „reversiblen Prozess", und zwar völlig unabhängig von der Frage, ob und wie sie sich reversibel steuern lässt.

Bei einem Gemisch aus umwandlungsgehemmten Stoffkomponenten sieht es grundsätzlich anders aus: Auch stärkere Veränderungen in den Randbedingungen müssen nicht dazu führen, dass sich die chemische Zusammensetzung verändert (d.h. dass die chemische Hemmung aufgehoben wird). Entsprechend würden chemische Reaktionen, aus denen diese „irreversibel" hervorgegangen sein können, so oder so quantitativ ablaufen.

Gleichwohl werden Randbedingungen existieren, unter denen deren Produkte wieder in die Umwandlung gehen und damit ein Reaktionsgleichgewicht ausbilden, welches dann ebenfalls verschiebbar wird.

In diesem Sinne muss mit Blick auf die Entropie gefragt werden, ob und unter welchen Randbedingungen sich klassisch „irreversible", einseitige Übergänge zu „reversibel" verschiebbaren Gleichgewichten mutieren lassen. Während diese Frage nach dem üblichen Verständnis von Entropie nur beweisen würde, dass der Fragende ein grundlegendes Naturprinzip nicht verstanden hat, sollten wir dieser Frage mit der These im Hintergrund, dass Licht- und Entropiemenge identisch sind, nicht ganz so geharnischt gegenübertreten.

Zwar tritt Licht nicht in „chemisch" unterscheidbaren Komponenten auf, aber immerhin in zwei unterschiedlichen Aggregatzuständen. So gibt es in einer Lichtmenge sowohl Photonen, die ohne Phasenbeziehung zu anderen Photonen sind, als auch solche Photonen, die untereinander in einer Phasenbeziehung stehen (zueinander „kohärent" sind) und damit eine Art „Lichtmolekül" bilden [E 226]. Der Anteil sogenannter „kohärenter" Photonen ist bei den üblichen Lichtquellen bedeutungslos, bei Lasern wird er gezielt gesteuert und nutzbar gemacht.

So wäre zu untersuchen, unter welchen Randbedingungen sich Umwandlungsgleichgewichte herbeiführen lassen, in denen physikalische Mengen, die normalerweise irreversibel unter Entropie/Licht-Produktion dissipieren, allein durch eine Verschiebung des Gleichgewichtes zurückgewonnen werden können.

Vielleicht sind hier Möglichkeiten verborgen, die denen eines *Perpetuum mobile* zweiter Art nicht meilenweit nachstehen müssen.

9. Anhänge

9.1 Literatur

Blöss, Christian (2010): „Entropie. Universelle Aspekte einer physikalischen Mengengröße"; Books on Demand (Norderstedt)

Blöss, Christian (2010a): „Entropie ist Licht. Die unvollendete Geschichte der Quantentheorie – und wie sie sich durch eine These zur Substanz von Entropie immerhin abrunden ließe"; Zeitensprünge (Gräfelfing) Jahrgang 22, Heft 3, Dezember 2010

Bundesministerium für Wirtschaft und Technologie und Bundesministerium für Umwelt, Naturschutz und Reaktorsicherheit (2010): „Energiekonzept für eine umweltschonende, zuverlässige und bezahlbare Energieversorgung"; http://www.bmwi.de bzw. http://www.bmu.de

Clausius, Rudolf (1865): „Über verschiedene für die Anwendung bequeme Formen der Hauptgleichungen der mechanischen Wärmetheorie"; Annalen der Physik CXXV, 7

Ehlotzky, Fritz (2004): „Quantenmechanik und ihre Anwendungen"; Springer Verlag (Berlin etc.)

Einstein, Albert (1916): „Strahlungs-Emission und -Absorption nach der Quantentheorie"; Verhandlungen der Deutschen Physikalischen Gesellschaft 18: 318–23

Einstein, Albert (1917): „Zur Quantentheorie der Strahlung"; Physikalische Zeitschrift XVIII, 121-128 (zuerst abgedruckt in den Mitteilungen der Physikalischen Gesellschaft Zürich Nr. 18 von 1916).

EWI / GWS / Prognos (2010): „Energieszenarien für ein Energiekonzept der Bundesregierung (Projekt Nr. 12/10)"; http://www.bmu.de

Falk, Gottfried (1978): Was ist eigentlich Atomistik? – oder: Die physikalische Größe „Menge". Konzepte eines zeitgemäßen Physikunterrichts Heft 2: Thermodynamik – nicht Wärmelehre, sondern Grundlage der Physik, 2. Teil: Das Größenpaar Menge und chemisches Potential. Schroedel Verlag (Hannover)

Falk, Gottfried und Wolfgang Ruppel (1976): „Die Physik des Naturwissenschaftlers: Energie und Entropie"; Springer Verlag (Berlin etc.)

ForschungsVerbund Erneuerbare Energien FVEE (2010): „Energiekonzept 2050. Eine Vision für ein nachhaltiges Energiekonzept auf Basis von Energieeffizienz und 100% erneuerbaren Energien; http://www.fvee.de/

Herrmann, Friedrich (1997): „Physik III (Thermodynamik). Skripten zur Experimentalphysik"; Studentendienst der Universität Karlsruhe (Karlsruhe)

Hoffmann, Dieter (2008): „Max Planck: Die Entstehung der modernen Physik"; Verlag C.H. Beck (München)

Knizia, Klaus (1986): „Das Gesetz des Geschehens. Gedanken zur Energiefrage"; Econ (München)

Neswald, Elizabeth R. (2006): „Thermodynamik als kultureller Kampfplatz. Zur Faszinationsgeschichte der Entropie 1850-1915"; Rombach Verlag KG (Freiburg i.Br. etc.)

Nolting, Wolfgang (^{7}2010): „Grundkurs theoretische Physik Band 4: Spezielle Relativitätstheorie, Thermodynamik"; Springer Verlag (Berlin etc.)

Pietschmann, Herbert (2003): „Quantenmechanik verstehen: Eine Einführung in den Welle-Teilchen-Dualismus für Lehrer und Schüler"; Springer Verlag (Berlin etc.)

Schilpp, Paul Arthur (1979): „Albert Einstein als Philosoph und Naturforscher (Philosophen des 20. Jahrhunderts)"; Kohlhammer Verlag (Stuttgart)

Schwister, Karl (^{3}2008): „Kleine Formelsammlung Chemie"; Hanser Verlag (München)

Simonyi, Károly (^{3}2001): „Kulturgeschichte der Physik: Von den Anfängen bis heute"; Verlag Harri Deutsch (Thun etc.)

9.2 Abbildungen

Die beiden Grafiken in Abbildung 4.1 und 4.2 wurden mit freundlicher Genehmigung von Peter Whitehead aus einer Vorlage abgeleitet, die auf dessen Website www.pittdixon.go-plus.net zu finden ist.

Die Vorlage für die Grafik in Abbildung 6.2 wurde dem Buch „So wird man ein Genie" von Marius Ebert mit freundlicher Genehmigung des Autors entnommen.

Die Grafik in Abbildung 7.1 wurde auf www.labbe.de gefunden und wird hier mit freundlicher Genehmigung des Labbé-Verlages als Copyright-Inhaber verwendet.

9.3 Danksagung

Meinem früheren Physiklehrer Heinz Sander (Eutin) möchte ich für seine freundschaftliche und geduldige kritische Begleitung danken. Auch wenn ihm keine der hier aufgeführten Argumente und Überlegungen anzulasten ist, so hat er mit der Auswahl des Themas für meine Studienarbeit vor rund 35 Jahren einen der Keime für meine Überlegungen zur Entropie gelegt.

9.4 Ihre Notizen

Crashkurs Entropie